# 百姓养生菜

孟飞 主编

北京联合出版公司
Beijing United Publishing Co.,Ltd.

**图书在版编目（CIP）数据**

百姓养生菜 / 孟飞主编 . —北京：北京联合出版公司，2014.5
（2024.1 重印）
　ISBN 978-7-5502-2973-0

　Ⅰ . ①百… 　Ⅱ . ①孟… 　Ⅲ . ①烹饪 – 方法 ②保健 – 菜谱
Ⅳ . ① TS972.11 ② TS972.161

中国版本图书馆 CIP 数据核字（2014）第 086241 号

**百姓养生菜**

主　　编：孟　飞
责任编辑：徐秀琴　李　婷
封面设计：韩　立
内文排版：吴秀侠

北京联合出版公司出版
（北京市西城区德外大街 83 号楼 9 层　100088）
河北松源印刷有限公司印刷　新华书店经销
字数 150 千字　787 毫米 × 1092 毫米　1/16　15 印张
2014 年 5 月第 1 版　2024 年 1 月第 3 次印刷
ISBN 978-7-5502-2973-0
定价：68.00 元

# 前言

"民以食为天"，吃是日常生活中的头等大事。国人的饮食，讲究内容与形式的统一。菜要做得好吃，又要有花色，形色兼备方能使视觉、嗅觉皆获得满足。青菜萝卜，海鲜肉禽蛋，山珍干货，一经烹饪，色香味俱全，令人食指大动。

但吃得好，并不表示就能摄取到人身体所需的各种营养，也并不意味着健康；没有山珍海味，每天以五谷杂粮为伴也未必就营养不良。关键是要了解各种食物的营养价值和养生功效，以及掌握可以让食物营养不流失的烹饪技法，并根据自身的情况选择适合的食物。随着社会的进步和物质生活水平的提高，人们的饮食观念也逐渐从"吃饱"向"吃好"转变，日益关注健康与养生，提倡膳食平衡，营养搭配。越来越多的人开始注重食物的养生功效，认为一日三餐的烹制不仅要美味，还要兼顾营养，吃得放心、吃出健康。鉴于此，能起到强身健体、延年益寿作用的养生菜在今天备受百姓青睐。

食物的功效，自古以来就受到医家、养生学家的重视。中国传统医学养生理论中，对于食物养生早有精当的研究和充分的阐述。如《黄帝内经》中就有"五谷为养，五果为助，五畜为益，五菜为充"的说法。俗话说"药补不如食补"，饮食是健康的基础，吃对了食物就有助于日常保健以及促进疾病的康复。我们都知道，日常主要的烹饪食材包括蔬菜、畜肉、禽蛋、水产品几大类。新鲜的蔬菜提供人体所必需的多种维生素和矿物质，对人们的日常饮食非常重要；畜肉、禽蛋不仅美味，而且营养丰富，能增强人体抵抗力；各种水产品高蛋白、低脂肪，含有大量人体所必须的微量元素，营养价值极高。而将不同类型的食材依据其自身的性味、功效巧妙地搭配起来，用科学合理的烹饪方法精心烹制，就能提高食材中营养物质的利用率，充分发挥食材的养生功效，制作出一道道滋补营养、防病祛病的佳肴，达到以食养生的目的。

　　为了让广大读者在自家厨房就能轻松烹制出色香味俱佳的养生保健菜品，我们精心编写了这本《百姓养生菜》。本书从最基础的养生理念和烹饪必备常识着手，将养生与烹饪完美融合，让读者了解不同的膳食养生法以及各种食材的烹饪技巧，通过食养强身健体、延年益寿。

　　本书所选菜品既有人人皆知的大众菜，又有独具风味的地方特色菜，将好做好吃又不贵的家常菜式一网打尽，绝美的味道，低廉的价格，用最少的钱做出最好吃的菜，既可以解决众口难调的问题，又可以为百姓的餐桌增色。

　　本书分章节具体介绍了养生蔬菜、猪牛羊等畜肉菜、鸡鸭鹅等禽肉菜、鱼虾蟹等海鲜菜、蛋类豆制品类菜、药膳以及家常滋补汤的做法，详细介绍了所用的材料、调料，并将食材处理与烹饪方法进行分步详解，简明清晰，详略得当，分步详解图片一目了然，方便读者快速掌握菜品的制作要点。即使是初学做菜的新手也能很快上手，做出一桌色香味俱佳的美味佳肴。另外，书中还对食材的养生常识做了全面解析，让每位读者都能够有针对性地选择食材，为家人合理配膳，做得更合理，吃得更健康。

　　"食有所依，补而有道"相信只要您对照本书的内容，按图索骥，就可以在较短的时间内学会一道道看似平凡，却对健康大有裨益的家常养生菜品，提升生活品质，改善家人的健康状况，并且从烹调、吃饭中享受到愉快和满足，乐活人生。

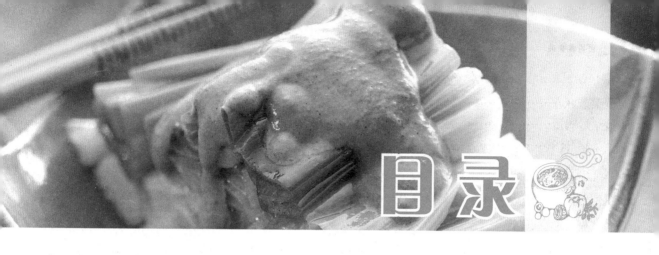

# 目录

# 3 第3部分 强身健体 养生畜肉菜

# 6 第6部分 生肌健力 养生蛋类

〈鸡蛋〉

# 7 第7部分 健脑美容 养生海鲜

〈鲫鱼〉

# 8 第8部分 养生药膳

# 9 第9部分
## 养生滋补汤

第 1 部分

# 养生及烹饪
# 常识介绍

养生首要原则即顺应天时。冬去春来，寒暑易节，四季饮食也要遵循养生原则，根据气候的变化来调整才能维持健康。中医认为，"药食同源"，不同颜色的食物可以食疗五脏六腑。此外，本章还为你详细讲解焯水、挂糊、上浆、勾芡等专业术语，让新手看菜谱不再一头雾水。

# 四季饮食养生

冬去春来，寒暑易节，我们的生活各方面都应该应天顺时，而饮食——人体摄取营养的最主要渠道——更应该顺应天时。所谓四季饮食养生，就是说人们的饮食应该紧扣温、热、凉、寒的四季特点，根据气候的变化来调整。

## 春季饮食养生

### （1）春季饮食，养肝为先

从饮食科学的观点来看，春季强调蛋白质、碳水化合物、维生素、矿物质保持相对比例，防止饮食过量、暴饮暴食，避免引起肝功能障碍和胆汁分泌异常。

春季饮食，养肝为先。按中医观点，春季养阳重在养肝。在五行学说中，肝属木，与春相应，主生发，在春季萌发、生长，因此应注意在春季养阳。

春季是细菌、病毒繁殖滋生的旺季，肝脏具有解毒、排毒的功能，负担最重，而且由于肝气生发，也会引起旧病复发。春季肝火上升，会使虚弱的肺阴更虚，故肺结核病会乘虚而入。中医认为，春在人体主肝，而肝气自然旺于春季，因此，春季养生不当，便易伤肝气。为适应季节气候的变化，保持人体健康，在饮食调理上应当注意养肝，可多食用大蒜类食物。

### （2）春季要养阳

阳，是指人体阳气。中医认为，"阳气者，卫外而为"，即指阳气对人体起着保卫作用，可使人体坚固，免受自然界六淫之气的侵袭。春天在饮食方面，

要遵照《黄帝内经》里提出的"春夏补阳"的原则，多吃些温补阳气的食物，以使人体阳气充实，增强人体抵抗力，抵御风邪为主的邪气对人体的侵袭。

由于肾阳为人体阳气之根，故在饮食上养阳，还应包括温养肾阳之意。春天人体阳气充实于体表，因而体内阳气会显得不足，所以在饮食上应多吃点培补肾阳的东西，葱、蒜、韭菜等都是养阳的佳品。

### （3）春季饮食要清淡

春季饮食由冬季的膏粱厚味转变为清温平淡，应少吃肥肉等高脂肪食物，因为油腻的食物食后容易产生饱腹感，人体就会产生疲劳现象。春季饮食宜温热，忌生冷。多喝水可增加循环血容量，有利于养肝和代谢废物的排泄，可降低毒物对肝的损害。补水还有利于腺体分泌，尤其是胆汁等消化液的分泌。春季饮香气浓郁的花茶，有助于散发冬天积在体内的寒邪，促进人体阳气生发、郁滞疏散。适量饮茶，还可提神解困，但春季不宜贪冷饮。

### （4）春季应多食蔬菜

经过冬季之后，身体多会出现多种维生素、无机盐及微量元素摄取不足的情况，这是由于新鲜蔬菜吃得少造成的。如春季常发生的口腔炎、口角炎、舌炎、夜盲症和某些皮肤病等，这些病症都是因为新鲜蔬菜吃得少而造成的营养失调现象。随着春季

的到来，各种新鲜蔬菜大量上市，一定要多吃点新鲜蔬菜，以利于身体健康。另外，春季应多吃能清除里热的食物，因为漫长的冬季容易导致体内郁热。消除郁热的方法很多，多吃点清除郁热的食物最好。春季容易出现口干舌燥、皮肤粗糙、干咳等病症，所以在饮食上应多吃些能补充人体津液的食物，如梨、蜂蜜、山楂等，切忌黏硬、生冷、肥甘味厚的食物。春季肝气偏亢，易伤脾胃，损害了脾胃的吸收消化功能，而黏硬、生冷、肥甘味厚的食物本来就不易消化，再加上脾胃功能不佳，就会生痰、生湿，进一步加重和损害脾胃功能。

# 夏季饮食养生

## （1）夏季饮食要注意些什么

第一，饮食要合理搭配，清淡开胃，选择富含水溶性维生素和矿物质的食物。细粮和粗粮适当搭配，每周吃三次粗粮。干和稀适当安排，如早上可吃牛奶或豆浆、面食及水果，中午吃米饭，晚上吃稀饭、面食。荤食和蔬菜合理搭配，以绿叶蔬菜、瓜果、豆类等蔬菜为主，辅以荤食，肉类以瘦猪肉、牛肉、鸡肉及鱼虾为好。

多吃水果蔬菜以补充丢失的维生素和矿物质。多吃富含钾的食物，新鲜蔬菜和水果中含有较多的钾，适当选用草莓、杏、荔枝、桃子、李子、香蕉、西瓜等水果；蔬菜中的青菜、大葱、芹菜、毛豆等含钾也丰富。茶叶中亦含有较多的钾，夏天多饮茶，既可消暑，又能补钾，可谓一举两得。动物的肝脏、肾脏、蛋黄、牛奶、全谷类食物含有丰富的 B 族维生素，可以适当地选用。另外，适当地吃些凉拌菜可以增进食欲。

第二，科学地解渴。夏天运动或劳作后容易出汗，产生口渴感，这时有人猛喝冷开水，这种解渴方法不科学。因为人出汗除了水分丢失之外，盐分也丢失，盐分是把水留在细胞内的一个因素。这时饮下去的开水不能在细胞内停留，反而又随汗液排出，并又带出一定量的盐分。这样形成了白开水喝得越多，汗出得越多，盐分也失去越多的恶性循环。

大量出汗后也不宜饮用含气的饮料，因为气体在胃内产生饱胀感，容易妨碍体液的补充和吸收，细胞缺水状态得不到纠正。含高糖的饮料也不适合，饮用后会造成胃部不适。有的人解渴爱用冰冷饮料，其实，冰冷饮料中水分子大部分处于聚合状态，分子团大，不容易渗入细胞，而热饮料单分子多，能迅速渗入细胞，纠正细胞缺水的状态。因此，当你渴的时候，正确的方法是选择低糖、无碳酸气、含钾、钠（盐分）的饮料，并以中等量、分多次饮用。

第三，规律进食，不能暴饮暴食。按时就餐，不能想吃的时候就吃，不想吃的时候就不吃，以免打乱胃肠道的正常活动。少食多餐，晚餐吃到八分饱即可。

第四，讲究饮食卫生。膳食最好现做现吃，生吃瓜果要洗净消毒。在做凉拌菜时，应加蒜泥和醋，既可调味，又能杀菌，而且能增进食欲。饮食不可过度贪凉，以防病原微生物乘虚而入。适当喝些冷饮，能起到一定的祛暑作用，但不可食之过多。

第五，夏季饮食宜选择绿豆、西瓜、莲子、荞麦、大枣、牛乳、豆浆、甘蔗、梨、百合、苦瓜、菊花、薏米等食物。如绿豆粥、薏米粥、荷叶粥、菊花茶等。

第六，老人、儿童因为脾胃功能弱，应少吃生冷食物，少喝冷饮。荤食以鱼类最好，辅以瘦肉、牛肉、鸡肉等。

第七，糖尿病病人要注意，冷饮、水果虽诱人，却不能多吃。因为饮料、冰淇淋中含有很多的糖，口渴时选用清茶、开水为好。如果想吃，则需要按交换原则，适当减去其他食物的进食量，比如，相应减少饭量。糖尿病病人夏季的饮食卫生要特别注意，因为糖尿病可能因急性胃肠炎而诱发酮症酸中毒、高渗性昏迷，因此绝对不能掉以轻心。

## （2）夏季饮食要注意补充热量

人们一般都认为，冬天气候寒冷，人体需要较多的热量来保护。但根据有关的研究实验证明，一个人在冬季所需要的热量远没有夏天多。

一位美国科学家研究发现：在40℃度和-40℃的环境中，人体在一昼夜所耗费的热量，热天比冷天要多出1675焦耳。因此，人在夏天要比在冬天更需要多摄取一些营养丰富的食物，以弥补体能的消耗。

# 秋季饮食养生

## （1）秋季应多吃滋润清肝的食物

秋季天气逐渐变凉，秋风一起，雨水减少，温度下降，气候变燥，人体会发生一些"秋燥"反应，此时，宜多吃具有清淡、滋润清肝作用的食物。

主食可吃大米、小麦、糯米，可预防秋季肺燥咳嗽、肠燥便秘；副食可选食鱼肉、牛肉、乌骨鸡、鸡蛋、豆制品等；蔬菜可吃芹菜、豆芽菜、萝卜、冬瓜、西红柿、藕、菠菜、苋菜、菜花、胡萝卜、荸荠、茭白、南瓜、小白菜、卷心菜等；水果可吃苹果、石榴、葡萄、芒果、柚子、柠檬、山楂、香蕉、菠萝、梨等；饮料方面可喝吃豆浆、稀粥、牛奶及水，以维持水代谢平衡，防止皮肤干燥、邪火上侵。

## （2）秋季饮食要注意膳食平衡，少吃辛辣刺激之物

秋季的饮食很重要，因为它既要补充夏季的消耗，又要为越冬做准备，但也不能大吃大喝，要防止摄入过多热量，应合理安排，做到膳食平衡。

另外，秋季饮食中应少吃辛辣刺激、油炸、烧烤食物，这些食物包括辣椒、花椒、桂皮、生姜、葱及酒等，特别是生姜。这些食物属于热性食物，在烹饪中又失去不少水分，食后容易上火，加重秋燥对人体的危害。当然，将少量的葱、姜、辣椒作为调味品，问题并不大，但不要常吃、多吃。比如生姜，它含挥发油，可加速血液循环，同时含有姜辣素，具有刺激胃液分泌、兴奋肠道、促使消化的功能；生姜还含有姜酚，这种物质可减少胆结石的发生。所以它既有利亦有弊，民间也因此留下了"上

床萝卜下床姜"一说，说明姜可吃，但不可多吃。特别是秋天，最好别吃，因为秋天气候干燥，燥气伤肺，加上再吃辛辣的生姜，更容易伤害肺部，加剧人体失水、干燥。

## （3）秋季可多食用茄子、萝卜

农谚曾有"秋败茄子似毒药"之语，其实，"秋败茄子似毒药"是个误区。秋天的茄子并无毒，只要是新鲜的茄子，其蛋白质及钙含量均比番茄高出三倍多，且含丰富的维生素（芦丁），是西药维脑路通的主要成分，常吃茄子对高血压、动脉粥样硬化、心脑血管病、坏血病都有一定的食疗作用。中医认为，茄子能清火，对大便干结、痔疮出血者有利。但烹饪时，不要进行煎炸，以免破坏茄子的营养成分，影响食用价值。

农谚有"头伏萝卜二伏菜"之说，还有"萝卜就茶，气得大夫满地爬"的俗谚。专家认为，萝卜有许多药用价值，比如其种子能消食化痰、下气定喘；叶子能止泻；萝卜结子老死的根，叫地枯萝，能利尿退肿。更难得的是，萝卜的这类药用效应与茶有着相融之处，入秋吃点萝卜、喝点好茶，对消除暑期人体中郁积的毒热之气、恢复神清气爽大有裨益。

# 冬季饮食养生

## （1）冬季饮食要注意防"燥"

冬季在抵御寒气的同时也要注意，散寒助阳的温性食物往往含热量偏高，食用后体内容易积热，常吃会导致肺火旺盛，其表现为口干舌燥等。如何才能压住"燥气"呢？中医认为，最好选择一些"甘寒"食品，也就是属性偏凉的食物来制约。

冬天可选择的"甘寒"食物比较多，比如，可在进补的热性食物中添加点甘草、茯苓等凉性药材来减少热性，避免进补后体质过于燥热。平时的饮食中，也可以选用凉性食物，如龟、鳖、兔肉、鸭肉、鹅肉、鸡肉、鸡蛋、海带、海参、蜂蜜、芝麻、银耳、莲子、百合、白萝卜、大白菜、芹菜、菠菜、冬笋、

香蕉、生梨、苹果等。

## （2）冬季炖牛肉最好加点白萝卜

**冬**季很多人喜欢炖牛肉，最好在其中加点白萝卜。民间有"冬吃萝卜夏吃姜，不用医生开药方"的说法。这是因为白萝卜味辛、甘，性平，有下气、消积、化痰的功效，它和牛肉的"温燥"调剂平衡，不仅补气，还能消食。

## （3）脾胃虚寒之人不宜多进食"甘寒"食物

**凉**性食物虽然有镇静和清凉消炎的作用，但它并不适用于所有的人。平常有燥热、手脚心发热、

盗汗等阴虚症状的人，可以适当选择"甘寒"食物。比如，鸭肉性凉，可以补虚、除热、和脏腑、利水，对于伴有虚弱、食少、低热、便干、水肿的心血管病人更为适宜。一般来说，脾胃虚寒的人不宜进食寒性食品和凉性补药，反而可以吃一些常人不宜过量食用的热性食物，如狗肉、羊肉火锅等。但也要注意，不要补过量，热量摄入太多会聚在体内，容易上火，导致阳气外泄，对人体营养平衡造成破坏。

# 五脏六腑的饮食养生法

饮食是健康的基础，要想维持健康就得合理膳食。中医认为，"药食同源"，不同颜色的食物可以食疗不同的疾病，而且可以保证自身血"质"良好。例如，心功能不好的人可多食红色食物；肝功能不好的人可多食绿色食物；脾功能（消化功能）不好的人可多食黄色食物；肺功能不好的人可多食白色食物；肾功能不好的人可多食黑色食物。

##  红色食物养心

红色食物包括胡萝卜、红辣椒、番茄、西瓜、山楂、红枣、草莓、红薯、红苹果等。按照中医的五行学说，红色为火，为阳，故红色食物进入人体后可入心、入血，大多具有益气补血和促进血液、淋巴液生成的作用。

研究表明，红色食物一般具有极强的抗氧化性，它们富含番茄红素、丹宁酸、维生素A、维生素C等，可以保护细胞，具有抗炎作用，能增强人的体力和缓解因工作生活压力造成的疲劳。尤其是番茄红素，对心血管具有保护作用，有独特的氧化能力，保护体内细胞，使脱氧核糖核酸及免疫基因免遭破坏，减少癌变危害，降低胆固醇。

有些人易受感冒病毒的侵害，多食红色食物可增强机体免疫力，增强人体抗御感冒的能力。如胡萝卜所含的胡萝卜素，可以在体内转化为维生素A，保护人体上皮组织，预防感冒。

此外，红色食物还能为人体提供丰富的优质蛋白质和许多无机盐、维生素以及微量元素，能大大增强人的心脏和造血功能。因此，经常食用一些红色食物，对增强心脑血管活力、提高淋巴免疫功能颇有益处。

##  黄色食物养脾

五行中黄色为土，因此，黄色食物摄入后，其营养物质主要集中在中医所说的"中土"（脾胃）区域。

黄色的食物，如南瓜、玉米、花生、大豆、土豆、杏等，可提供优质蛋白、脂肪、维生素和微量元素等营养物质，常食对脾胃大有裨益。此外，在黄色食物中，维生素A、维生素D的含量均比较丰富。维生素A能保护肠道、呼吸道黏膜，可以减少胃炎、胃溃疡等疾病的发生；维生素D能促进身体对钙、磷元素的吸收，进而起到壮骨强筋之功效。

##  绿色食物养肝

近年来，绿色食物始终扮演着生命健康"清道夫"和"守护神"的角色，因而备受人们青睐。

绿色食物主要指芹菜、西蓝花、菠菜等，这类食物水分含量高达90%～94%，而且热量较低。中医认为，绿色（含青色和蓝色）入肝，多食绿色食品具有舒肝强肝的功

效,是良好的人体"排毒剂"。另外,五行中"青绿"克"黄"(木克土,肝制脾),所以绿色食物还能起到调节脾胃消化吸收功能的作用。绿色蔬菜中含有丰富的叶酸成分,而叶酸已被证实是人体新陈代谢过程中最为重要的维生素之一,可有效地消除血液中过多的同型半胱氨酸,从而保护心脏的健康。绿色食物还是钙元素的最佳来源,绿色蔬菜无疑是补钙佳品。

##  白色食物养肺

白色食物主要指山药、燕麦片等。白色在五行中属金,入肺,偏重于益气行气。据科学分析,大多数白色食物,如牛奶、大米、面粉和鸡、鱼类等,蛋白质成分都比较丰富,经常食用既能消除身体的疲劳,又可促进疾病的痊愈。此外,白色食物还是一种安全性相对较

高的营养食物,因为它的脂肪含量比红色食物低得多,十分符合科学的饮食方式。特别是高血压、心脏病、高血脂、脂肪肝等患者,多食用白色食物会更好。

##  黑色食物养肾

黑色食物是指颜色呈黑色、紫色、深褐色的各种天然植物或动物,如黑木耳、黑茄子等。五行中黑色主水,入肾,因此,常食黑色食物更益补肾。研究发现,黑米、黑芝麻、黑豆、黑木耳、海带、紫菜等的营养保健和药用价值都很高,它们可明显减少动脉硬化、冠心病、脑中风等疾病的发生率,对流感、气管炎、咳嗽、慢性肝炎、肾病、贫血、脱发、早白头等病症均有很好的辅助治疗效果。

# 不同年龄人的饮食养生法

不同年龄层的人身体状况不一样，对饮食的需求也各不相同，因此，饮食养生要根据不同年龄人的不同需求进行合理搭配，尽量让食物的营养被身体吸收。

## 儿童

儿童在饮食上，可准备营养价值更高一些、精一些的食物，使之充分被消化、吸收、利用。儿童身体处于成长期，智力发育迅速，开始进入学校，体力活动也增加，所以需要更多的营养和能量，同时还要给儿童补充健脑食品。

## 青少年

青少年期生长发育迅速，代谢旺盛，加之活动量大、学习压力重，对能量和营养素的需求都增加，必须全面、合理地摄取营养，并要特别注意蛋白质和热能的补充。为此，应保证足够的饭量，并摄入适量的脂肪。

维生素是维持身体正常生长和调节机体生理功能的重要物质。青少年的需要也比其他年龄段的人多。缺乏维生素，容易引起各种维生素缺乏症，从而使发育迟缓，发生各种疾病，因此，青少年应多吃含维生素丰富的食物。

## 中年人

中年人的饮食，除了正常热量的饮食外，就是在劳动量增加的情况下，增加高热量、高蛋白的饮食。所谓正常热量的饮食，一般认为，每天每千克体重需蛋白质1克，脂肪0.5~1.0克，糖类400~600克，其他各种矿物质、维生素，主要由副食品予以补充。中年人虽然对蛋白质的需求量比正处在生长发育期的青少年要少，但是对于生理机能逐渐减退的中年人来说，提供丰富、优质的蛋白质是十分必要的。

## 老年人

老年人的饮食中必须保证钙、铁和锌的含量，每人每天分别需要0.6毫克、12毫克和15毫克。人到老年后，体内代谢过程以分解代谢为主，所以需要及时补充这些消耗，尤其是组织蛋白的消耗，每天所需蛋白质以每千克体重1克计算。此外，老年人要注意米、面、杂粮的混合食用，并应在一餐中尽量混食，以提高主食中蛋白质的利用价值。

# 烹饪术语介绍

在菜谱书中，我们经常会看到一些专业术语，如火候、焯水、挂糊、上浆、勾芡……对于刚下厨的人来说，总让人摸不着头脑。其实了解这些并不难，这里就为大家做简单的介绍。

## 焯水

焯水就是将初步加工的原料放在开水锅中加热至半熟或全熟，取出以备进一步烹调或调味，是烹调中（特别是冷拌菜）不可缺少的一道工序，对菜肴的色、香、味，特别是色起着关键作用。焯水的运用范围较广，大部分蔬菜和带有腥膻气味的肉类原料都需要焯水。

焯水的方法主要有两种：一种是开水锅焯水；另一种是冷水锅焯水。

开水锅焯水，就是将锅内的水加热至滚开，然后将原料下锅。下锅后及时翻动，时间要短，要讲究色、脆、嫩，不要过火。这种方法多用于植物性原料，如芹菜、菠菜、莴笋等。

冷水锅焯水，是将原料与冷水同时下锅，水要没过原料，然后烧开，目的是使原料成熟，便于进一步加工。土豆、胡萝卜等因体积大，不易成熟，需要煮的时间长一些。有些动物性原料，如白肉、牛百叶、牛肚等，也是冷水下锅加热成熟后再进一步加工的。有些用于煮汤的动物性原料也要冷水下锅，在加热过程中使营养物质逐渐溢出，使汤味鲜美，如用热水锅，则会造成蛋白质凝固。

## 上浆

在切好的原料下锅之前，给其表面挂上一层浆或糊之类的保护膜，这一处理过程叫上浆或挂糊（稀者为浆，稠者为糊）。

上浆的作用主要有以下两点：

上浆能保持原料中的水分和鲜味，使烹调出来的菜肴具有滑、嫩、柔、脆、酥、香、松或外焦里嫩等特点。

上浆能保持原料不碎不烂，增加菜肴形与色的美观。

## 挂糊

挂糊是烹调中常用的一种技法，行业习惯称"着衣"，即在经过刀工处理的原料表面挂上一层衣一样的粉糊。挂糊虽然是个简单的过程，但实际操作时并不简单，稍有差错，往往会造成"飞浆"，影响菜肴的美观和口味。

挂糊时应注意以下问题：

首先，把要挂糊的原料上的水分挤干，特别是经过冰冻的原料，挂糊时很容易渗出一部分水而导致脱浆。还要注意，液体的调料也要尽量少放，否则会使浆料上不牢。

其次，要注意调味品加入的次序。一般来说，要先放入盐、味精和料酒，再将调料和原料一同使劲拌和，直至原料表面发黏才可再放入其他调料。先放盐可以使咸味渗透到原料内部，同时使盐和原料中的蛋白质形成"水化层"，可以最大限度保持原料中的水分少受或几乎不受损失。

##  过油

过油是将备用的原料放入油锅进行初步热处理的过程。过油能使菜肴口感滑嫩软润，保持和增加原料的鲜艳色泽，而且富有风味特色，还能去除原料的异味。

过油时要根据油锅的大小、原料的性质以及投料多少等方面正确地掌握油的温度。

根据火力的大小掌握油温。急火，可使油温迅速升高，但极易造成互相粘连散不开或出现焦糊现象；慢火，原料在火力比较慢、油温低的情况下投入，则会使油温迅速下降，出现脱浆，从而达不到菜肴的要求，故原料下锅时油温应高些。

根据投料数量的多少掌握油温。投料数量多，原料下锅时油温可高一些，投料数量少，原料下锅时油温应低一些。

油温还应根据原料质地老嫩和形状大小等情况适当掌握。

过油必须在急火热油中进行，而且锅内的油量以能浸没原料为宜。原料投入后由于原料中的水分在遇高温时立即气化，易将热油溅出，须注意防止烫伤。

## 勾芡

勾芡是在菜肴接近成熟时，将调好的淀粉汁淋入锅内，使汤汁稠浓，增加汤汁对原料的附着力，从而使菜肴汤汁的粉性和浓度增加，改善菜肴的色泽和味道。

要勾好芡，需掌握几个关键问题：

一是掌握好勾芡时间，一般应在菜肴九成熟时进行，过早勾芡会使汤汁发焦，过迟勾芡易使菜受热时间长，失去脆、嫩的口味。

二是勾芡的菜肴用油不能太多，否则卤汁不易粘在原料上，不能达到增鲜、美形的目的。

三是菜肴汤汁要适当，汤汁过多或过少，会造成芡汁的过稀或过稠，从而影响菜肴的质量。

四是用单纯粉汁勾芡时，必须先将菜肴的口味、色泽调好，然后再淋入湿淀粉勾芡，才能保证菜肴的味美色艳。

# 第 2 部分
## 营养排毒
## 养生蔬菜

蔬菜是人们日常饮食中必不可少的食物之一，能够提供人体所必需的维生素和矿物质，其中人体所必需的维生素C的90%、维生素A的60%来自于蔬菜。蔬菜集食品的良好特性于一身，高蛋白、低脂肪、无胆固醇、多膳食纤维，营养价值极高。常食蔬菜，既可以强健体魄，还能瘦身排毒，均衡营养。

# 白菜

◆**食疗功效**：

1. 排毒瘦身：菜能改善胃肠道功能、改善血糖生成反应、防止肠癌等，同时，它能够增加粪便的体积，减少肠中食物残渣在人体内停留的时间，让排便的频率加快。

2. 增强免疫力：白菜有提高人体免疫力、防止皮肤干燥、促进骨骼生长等多方面的功能。

 宜　白菜＋牛肉（健脾开胃）
　　　白菜＋豆腐（预防咽喉肿痛）

 忌　白菜＋兔肉（导致腹泻）
　　　白菜＋鳝鱼（易致中毒）

# 陈醋白菜

**材料** 白菜心 400 克，红椒圈 10 克，陈醋 20 克

**调料** 白糖 15 克，味精 2 克，香油适量

**做法**

① 将白菜心洗净，改刀，入沸水中焯熟。

② 用白糖、味精、香油、陈醋调成味汁。

③ 将味汁倒在白菜上进行腌渍，撒上红椒圈即可。

# 酸辣白菜

**材料** 白菜 500 克，青椒片、干辣椒各适量

**调料** 鸡精、盐、米醋、花椒油各适量

**做法**

① 白菜洗净，取梗部切菱形片；干辣椒洗净，切段。

② 油锅烧热，下干辣椒、青椒片爆香。

③ 再放入白菜梗，炒至白菜变软时，加盐、鸡精、醋炒匀，淋入花椒油即可。

# 板栗炖白菜

**材料** 大白菜300克,板栗肉80克,胡萝卜块60克,蒜末、姜片、葱白各少许

**调料** 盐3克,水淀粉10毫升,生抽3毫升,味精3克,鸡粉3克,食用油、蚝油各适量

## 食材处理

❶ 洗净的白菜去心,切成块。

❷ 锅中加清水烧开,入大白菜略煮,入胡萝卜块。

❸ 焯煮约1分钟至熟捞出。

**制作指导** 煮白菜的时间不可太长,以免影响其脆嫩口感。

## 制作步骤

❶ 起油锅,倒入姜片、蒜末、葱白爆香。

❷ 倒入洗好的板栗炒匀。

❸ 加适量清水,加盖,烧开后转小火煮10分钟至熟透。

❹ 揭盖,倒入大白菜、胡萝卜块。

❺ 加蚝油、生抽、盐、味精、鸡粉。

❻ 炒匀调味。

❼ 加入少许水淀粉勾芡。

❽ 再淋入少许熟油炒匀。

❾ 盛出装盘即可。

# 剁椒白菜

**材料** 白菜 150 克,剁椒 80 克

**调料** 盐 3 克,老抽 10 克,醋 10 克,味精 5 克,香菜少许

**做法**

① 白菜洗净,切成长条;香菜洗净,切段。

② 油锅烧热,放入剁椒炒香后,放入切好的白菜翻炒,再放入盐、老抽、醋翻炒。

③ 加入味精调味后起锅装盘,撒上香菜即可。

# 蒜蓉粉丝蒸娃娃菜

**材料** 粉丝、娃娃菜各 250 克

**调料** 蒜蓉、葱丝、葱花、生抽各 30 克,盐、味精各 5 克,高汤适量

**做法**

① 娃娃菜洗净,对半切成两块;粉丝泡发,与葱丝、娃娃菜装盘蒸熟。

② 烧热,放入蒜蓉爆香,再放入高汤、生抽、盐、味精,烧至汁浓,均匀淋入装有娃娃菜和粉丝的盘中,撒上葱花即可。

# 炝白菜卷

**材料** 白菜 250 克,莴笋丝 25 克,青椒丝 10 克,干红椒、香油各少许

**调料** 盐、白糖各 3 克,酱油、醋各少许

**做法**

① 白菜洗净沥水。

② 油锅烧热,下干红椒炸香,加莴笋丝、青椒丝快速翻炒,调入盐、白糖、酱油、醋,炒熟后盛出。

③ 白菜蒸熟后,放上炒好的食材卷成筒后切段,摆盘后淋入香油即成。

# 香油白菜心

**材料** 白菜心 500 克

**调料** 干辣椒、白糖、盐、鸡精、香油各适量

**做法**

① 将白菜心洗净切细丝,加少许盐略腌,用清水冲洗,挤去水分待用;干辣椒洗净,切段。

② 锅中加水烧沸,下入白菜丝稍焯,捞出装盘。

③ 油锅烧热,下干辣椒炝出香味,起锅浇在白菜心上,再入白糖、盐、鸡精、香油拌匀即可。

# 韩国泡菜

**材料** 大白菜 500 克

**调料** 盐 5 克，鸡精 3 克，辣椒酱、醋、泡椒汁各适量

**做法**

❶大白菜洗净，撕成小片，加盐、鸡精、辣椒酱、醋、泡椒汁拌匀。

❷将拌好的大白菜装入一个密封的坛中，腌渍 2 天。

❸食用时从坛中取出装盘即可。

# 板栗白菜

**材料** 板栗肉 50 克，白菜心 80 克

**调料** 高汤、酱油、白糖、盐、淀粉各适量

**做法**

❶白菜心洗净，用温水焯过后沥干水分；板栗肉洗净待用。

❷油锅烧热，下入高汤、酱油、白糖、盐、白菜心、板栗肉烧 2 分钟，至板栗肉焖烂，装盘。

❸水淀粉勾芡，淋在板栗肉及白菜心上即成。

# 开水白菜

**材料** 黄秧白菜心 500 克，火腿片 5 ~ 6 片

**调料** 清汤 1000 克，精盐 3 克，胡椒粉 2 克，味精 1 克，料酒 10 克

**做法**

❶把黄秧白菜剥去外皮，只留菜心，洗净，入沸水锅中略焯，捞出立即入冷开水中漂凉。

❷取出后理好放入汤碗中，加入火腿片、料酒、味精、川盐、胡椒粉和清汤，上笼用旺火蒸烫约 2 分钟，取出，滗去汤，再用沸清汤过一次，最后将烧沸的特制清汤，撇去浮沫，灌入汤碗即成。

# 黄瓜

**选购窍门**

◎以鲜嫩、外表的刺粒未脱落、色泽绿的为佳。

**储存之道**

◎黄瓜用保鲜膜封好置于冰箱中可保存1周左右。

**健康提示**

◎脾胃虚、腹痛腹泻、肺寒咳嗽者应少吃黄瓜。

◆**食疗功效：**

1.排毒瘦身：黄瓜中含有丰富的食物纤维素，它对促进肠蠕动、加快排泄有一定的作用，从而十分有利于减肥。

2.降低血糖：黄瓜中所含的葡萄糖苷、果糖等不参与通常的糖代谢，故糖尿病人以黄瓜代替淀粉类食物充饥，血糖非但不会升高，反而会降低。

| 宜 | 黄瓜＋西红柿（健美抗衰老） |
| --- | --- |
| | 黄瓜＋泥鳅肉（滋补养颜） |
| 忌 | 黄瓜＋芹菜（降低营养价值） |
| | 黄瓜＋花生（导致腹泻） |

# 黄瓜泡菜

**材料** 黄瓜500克

**调料** 盐8克，醋9克，蒜10克，青、红椒各1个

**做法**

① 黄瓜洗净切段，沥干水分；青、红椒洗净，用刀稍微拍烂；蒜去皮洗净。

② 黄瓜用盐拌匀，稍腌，用水冲净后沥水。

③ 将各种备好的原材料装入泡菜坛中，加醋、盐，倒凉开水至盖过材料，封好口，腌2天即可食用。

# 蓑衣黄瓜

**材料** 嫩黄瓜2根

**调料** 盐、白糖、味精、香叶、干红椒各适量

**做法**

① 黄瓜洗净，分别从两侧斜向切花刀，切成蓑衣状（注意不能切断）。

② 将适量开水倒入碗中，放入所有调味料，制成味汁。

③ 待开水凉后，将切好的黄瓜放入其中腌渍24小时即可。

# 黄瓜圣女果

材料 嫩黄瓜1根，圣女果10颗

调料 生抽5克，芥末、冰块各适量

做法

❶黄瓜洗净，撕成小片，加盐、鸡精、辣椒酱、醋、泡椒汁拌匀。

❷先将圣女果摆入盘中，再将黄瓜丝堆在圣女果上面。

❸取一小碟，放入准备好的芥末和生抽，制成味碟，蘸着吃即可。

# 沪式小黄瓜

材料 小黄瓜500克

调料 白糖5克，盐4克，味精3克，香油20克，蒜头、红椒各适量

做法

❶小黄瓜洗净，切成小块，装盘待用。

❷蒜头洗净剁成蒜蓉；红椒洗净切末。

❸将蒜蓉与红椒末、白糖、盐、味精、香油一起拌匀，浇在黄瓜上，再拌匀即可。

# 黄瓜蒜片

材料 黄瓜500克，大蒜10克

调料 干辣椒5克，香油20克，盐4克，味精3克

做法

❶黄瓜洗净切片，放进沸水中焯一下，捞起控干水，装盘待用。

❷大蒜去皮洗净，切片；干辣椒洗净切丁。

❸黄瓜片、蒜片、辣椒丁一起装盘，放进香油、盐、味精，拌匀即可。

# 辣拌黄瓜

**材料** 黄瓜300克，红辣椒适量

**调料** 盐2克，味精1克，醋10克，香油5克，泡椒适量

**做法**

① 黄瓜洗净，切成长块；红辣椒洗净，切成条。

② 将盐、味精、醋、香油调成味汁，浇在黄瓜上面，再撒上泡椒、红辣椒条即可。

# 脆皮黄瓜

**材料** 黄瓜400克

**调料** 盐3克，味精1克，醋5克，香油8克，姜丝、干辣椒、熟芝麻、红椒丝各适量

**做法**

① 黄瓜取皮洗净，卷成圆筒状，排于盘中；干辣椒洗净切段。

② 将盐、味精、醋、香油混合调成汁，浇在黄瓜皮上，再撒上红椒丝、姜丝、干辣椒、熟芝麻即可。

# 紫苏煎黄瓜

**材料** 黄瓜500克，紫苏叶50克

**调料** 红椒粒、辣椒酱、蒜末各30克，盐5克

**做法**

① 黄瓜洗净切片；紫苏叶洗净。

② 油锅烧热，将黄瓜下锅煎至两面金黄，倒入漏勺沥干油。

③ 炒锅重新烧热，放进蒜末、红椒、紫苏爆香，下黄瓜、辣椒酱、盐炒匀，收干水分即可。

# 小炒乳黄瓜

**材料** 小黄瓜350克，猪肉100克

**调料** 红椒、炸酱各20克，盐3克，味精1克，淀粉适量

**做法**

① 小黄瓜洗净，切片；猪肉洗净剁碎，加入盐、淀粉拌匀；红椒洗净切圈。

② 锅倒油烧热，下入猪肉末炒熟后，加入红椒圈、黄瓜片翻炒均匀。

③ 加入炸酱、盐、味精炒至入味，装盘即可。

# 南瓜

◆**食疗功效：**

1.降低血糖：南瓜含有丰富的钴，可与氨基酸一起促进胰岛素的分泌，对糖尿病有较好的食疗作用。

2.增强免疫力：南瓜中所含的锌可促进蛋白质合成，与胡萝卜素相作用，可提高机体的免疫能力。

3.防癌抗癌：南瓜所含 β – 胡萝卜素，可降低机体对致癌物质的敏感程度，防止其癌变。

**选购窍门**

◎要选择个体结实、表皮无破损、无虫蛀的南瓜。

**储存之道**

◎置于阴凉通风处，可保存 1 个月左右。

**健康提示**

◎脚气、黄疸患者忌食南瓜。

 宜　南瓜＋猪肉（增加营养）
　　南瓜＋绿豆（清热解毒）

 忌　南瓜＋蟹（腹泻、腹痛）
　　南瓜＋虾（导致痢疾）

# 南瓜百合

**材料** 南瓜 250 克，鲜百合 150 克，红枣 50 克

**调料** 白糖 5 克，蜜汁 10 克

**做法**

❶南瓜洗净，削皮去瓤，切成菱形块；鲜百合洗净；红枣泡发洗净，去核。

❷鲜百合用白糖拌匀，与南瓜、红枣一起摆盘。

❸放入锅中以大火蒸 7 分钟，取出后淋上蜜汁即可。

# 八宝南瓜

**材料** 老南瓜 300 克，细豆沙、葡萄干各 5 克，蜜饯 50 克，糯米 100 克，莲子 15 克

**调料** 白糖 50 克，糖桂花适量，香油少许

**做法**

❶南瓜洗净去瓤去皮，切块；糯米洗净，用开水煮至断生。

❷将蜜饯、葡萄干、莲子、细豆沙、白糖同糯米拌匀，装入摆在碗里定形的南瓜里，上蒸笼蒸至熟，取出。

❸用白糖、糖桂花打汁，淋入少许香油拌匀，浇在成形的八宝南瓜上即可。

# 丝瓜

**选购窍门**

◎要选择瓜形完整、无虫蛀、无破损的新鲜丝瓜。

**储存之道**

◎丝瓜放置在阴凉通风处可保存1周左右。

**健康提示**

◎身体疲乏者宜多吃丝瓜。

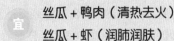

◆**食疗功效：**

1. 美容健肤：丝瓜中含防止皮肤老化的维生素 $B_1$ 和增白皮肤的维生素 C 等成分，能保护皮肤、消除斑块，使皮肤洁白、细嫩，是不可多得的美容佳品。

2. 增强机体免疫力：丝瓜性味甘平，有清暑凉血、解毒通便、祛风化痰、润肤美容、通经络、行血脉等功效。

| 宜 | 丝瓜 + 鸭肉（清热去火） |
| | 丝瓜 + 虾（润肺润肤） |
| 忌 | 丝瓜 + 菠菜（引起腹泻） |
| | 丝瓜 + 芦荟（引起身体不适） |

# 丝瓜滑子菇

**材料** 丝瓜 350 克，滑子菇 20 克，红椒少许

**调料** 盐、鸡精、淀粉、香油各适量

**做法**

❶丝瓜洗净，去皮切成长条；滑子菇洗净；红椒洗净，切成片。

❷锅中加油烧热，爆香红椒片，加入丝瓜条翻炒至熟软。

❸再加入滑子菇翻炒至熟，加盐、鸡精、香油翻炒至入味，用水淀粉勾芡即可。

# 鸡油丝瓜

**材料** 鸡油 20 克，丝瓜 100 克

**调料** 盐 3 克，香油 10 克，味精 5 克，红辣椒 20 克

**做法**

❶丝瓜去皮，洗净，切成滚刀块，用温水焯过后沥干备用；红辣椒洗净，切成片。

❷锅置于火上，注入鸡油烧热后，放入丝瓜、红辣椒翻炒，再调入剩余调料炒匀即可。

# 苦瓜

## ◆食疗功效:

1. 开胃消食:苦瓜中的苦瓜苷和苦味素能起到开胃消食的作用。

2. 排毒瘦身:苦瓜蛋白质成分能提高机体的免疫功能,使免疫细胞具有杀灭癌细胞的作用。

3. 降低血糖:苦瓜的新鲜汁液,具有良好的降血糖作用,是糖尿病患者的理想食品。

**选购窍门**
◎要选择颜色青翠、新鲜的苦瓜。

**储存之道**
◎苦瓜不宜冷藏,置于阴凉通风处可保存3天左右。

**健康提示**
◎孕妇忌食苦瓜,脾胃虚寒者也不宜食用。

| 宜 | 苦瓜＋鸡蛋(增强营养) |
| | 苦瓜＋猪肝(防治癌症) |

| 忌 | 苦瓜＋茶(伤胃) |
| | 苦瓜＋滋补药(降低滋补效果) |

# 凉拌苦瓜

**材料** 苦瓜 400 克,枸杞 10 克

**调料** 盐、鸡精、白糖、醋、辣椒油、香油各适量

**做法**

❶苦瓜洗净,对半剖开,去瓤切片。

❷锅内加水烧开,下入苦瓜略焯,捞出过凉,沥水。

❸将苦瓜放入盘内,加枸杞、白糖、鸡精、盐、醋、辣椒油和香油拌匀即可。

# 百合菠萝炒苦瓜

**材料** 百合 200 克,菠萝果肉 200 克,苦瓜 250 克

**调料** 盐、味精各 5 克

**做法**

❶菠萝果肉、苦瓜分别洗净,切成小片;百合洗净,削去外部黑色边缘。

❷锅烧热加油,放入百合、菠萝果肉、苦瓜,炒熟,放盐、味精炒匀,盛出装盘即可。

# 冬瓜

◆**食疗功效：**

1. 增强免疫力：冬瓜含有的维生素 C，可增强机体对外界环境的抗应激能力和免疫力。

2. 排毒瘦身：冬瓜含有的维生素 $B_1$ 可促使体内的淀粉、糖转化为热能，而不变成脂肪，有助减肥，同时冬瓜也有利尿的功效，有助于把体内的毒素排出。

# 农家烧冬瓜

**材料** 冬瓜 500 克，姜片、大葱段各 10 克

**调料** 红油 20 克，盐、淀粉各 5 克，清汤适量

**做法**

❶冬瓜去皮切块，焯水后放冷水中漂冷。

❷油锅烧热，爆香姜、葱，倒入清汤烧开，放入冬瓜，调入盐，烧至冬瓜入味，捞出沥水后装盘，锅内余汁用湿淀粉勾薄芡，再加红油推匀，淋在冬瓜上即成。

# 芦笋百合炒瓜果

**材料** 无花果、百合各 100 克，芦笋、冬瓜各 200 克

**调料** 香油、盐、味精各适量

**做法**

❶芦笋洗净切斜段，下入开水锅内焯熟，捞出控水备用。

❷鲜百合洗净掰片；冬瓜洗净切片；无花果洗净。

❸油锅烧热，放芦笋、冬瓜煸炒，下入百合、无花果炒片刻，下盐、味精调味，淋入香油即可装盘。

# 蕨菜

## ◆食疗功效：

1. 增强免疫：蕨菜营养价值较高。它的嫩叶中含有蛋白质、脂肪、碳水化合物、膳食纤维、多种矿物质和维生素 E 及胡萝卜素等成分，还含有蕨素、蕨苷等特有的营养成分。

2. 降低血压：蕨菜中的蕨素对细菌有一定的抑制能力，能清热解毒、扩张血管、安神降压。

**选购窍门**

◎质量好的蕨菜一般菜形整齐，无枯黄叶、无腐烂、质地优、无异味。

**储存之道**

◎蕨菜放久了会变黄，营养价值会降低，建议现买现食。

**健康提示**

◎蕨菜性味寒凉，不宜多食。

| 宜 | 蕨菜 + 豆腐干（和胃补肾） |
| | 蕨菜 + 猪肉（开胃消食） |
| 忌 | 蕨菜 + 花生（降低营养价值） |
| | 蕨菜 + 大豆（降低营养价值） |

# 拌蕨菜

**材料** 蕨菜 400 克

**调料** 盐、醋、味精、香油、干辣椒各适量

**做法**

① 蕨菜洗净，切成长段；干辣椒洗净，切成段。

② 锅内注水，用旺火烧开，把蕨菜段放入沸水中焯熟，捞出控干水分装入碗中。

③ 将盐、醋、味精、香油、干辣椒段调匀，倒入碗中拌匀，装入盘中即可。

# 如意蕨菜蘑

**材料** 蕨菜、蘑菇、鸡脯肉丝、胡萝卜、白萝卜各适量

**调料** 盐、麻油、葱丝、姜丝、蒜片、料酒各适量

**做法**

① 蕨菜洗净，切段；蘑菇、胡萝卜、白萝卜均洗净切片。

② 锅注油烧热，下入蒜片、葱丝、姜丝、蘑菇、胡萝卜、白萝卜爆香，倒入鸡脯肉丝翻炒，再倒入蕨菜同炒至熟。

③ 加入麻油、盐、料酒炒至入味即可起锅。

# 菠菜

◆**食疗功效**：

1. 补血养颜：菠菜含有丰富的铁，可以预防贫血，恢复皮肤良好的血色。

2. 排毒瘦身：菠菜含有大量水溶性纤维素，能够清理肠胃热毒，防治便秘。

3. 增强免疫力：菠菜中含有抗氧化剂维生素E和硒元素，能促进人体新陈代谢、延缓衰老、增强免疫力,使人青春永驻。

**选购窍门**

◎以叶柄短、根小色红、叶色深绿的菠菜为佳。

**储存之道**

◎放入冰箱冷藏易保存营养。

**健康提示**

◎肾炎患者、肾结石患者不适宜食用菠菜。

| 宜 | 菠菜 + 猪肝（补血养颜）<br>菠菜 + 鸡血（养肝护肝） |
| --- | --- |
| 忌 | 菠菜 + 优酪乳（易患结石）<br>菠菜 + 牛奶（引起痢疾） |

# 果仁菠菜

**材料** 菠菜 300 克，熟花生米 30 克，松仁、豆皮丝各 20 克

**调料** 盐、醋、香油、味精、红辣椒丝各适量

**做法**

❶ 菠菜洗净切段。

❷ 锅注水烧开，放入菠菜焯熟，捞起沥水放入盘中。汁用湿淀粉勾薄芡，再加红油推匀，淋在菠菜上即成。

❸ 将盐、醋、香油、味精、熟花生米、松仁混合调匀浇在菠菜上面，撒上红辣椒丝、豆皮丝即可。

# 沙姜菠菜

**材料** 菠菜、沙姜各适量

**调料** 蒜、鸡精、盐、香油各适量

**做法**

❶ 菠菜洗净去根叶；沙姜、蒜去皮，洗净剁蓉。

❷ 锅上火注水，加油、盐，水沸后下菠菜茎焯一下，捞出沥水，装碗；锅上火，注入油烧热，下沙姜末爆香，盛出，调入装有菠菜的碗里，加入盐、香油、蒜蓉、鸡精，拌匀即可。

# 菠菜老醋花生

**材料** 菠菜 50 克，花生米 200 克，老醋 50 克

**调料** 香油 8 克，盐、味精各适量

**做法**

① 菠菜洗净，用热水焯过待用；花生米洗净晾干。

② 将花生米放在炒锅里炒熟后，捞出装盘。加入菠菜、醋、香油、盐、味精充分拌匀即可。

# 八宝菠菜

**材料** 菠菜 100 克，熟花生米、圣女果片各 20 克，熟芝麻 5 克

**调料** 盐 3 克，味精 1 克，白醋 8 克，麻油 10 克

**做法**

① 菠菜去根洗净，入沸水焯熟，捞出放入碗中待用。

② 将盐、白醋、麻油、味精一起放入菠菜碗中搅拌均匀。

③ 再向盘中撒上熟花生米、熟芝麻和圣女果片即可。

# 菠菜芝麻卷

**材料** 菠菜 200 克，豆皮 1 张，芝麻 10 克

**调料** 盐 3 克，味精 2 克，香油 1 克，酱油 5 克

**做法**

① 菠菜洗净；芝麻炒香，备用。

② 豆皮放入沸水中，加入调味料煮 1 分钟，捞出；菠菜氽熟后捞出，沥干水分，切碎，同芝麻拌匀。

③ 豆皮平放，放上菠菜，卷起，切成马蹄形，装盘即可。

# 菠菜炒鸡蛋

**材料** 菠菜 150 克，鸡蛋 2 个

**调料** 盐 3 克

**做法**

① 菠菜择去老叶，切去根部，洗净；鸡蛋打入碗中，加少许盐搅匀。

② 锅中加油烧热，下入鸡蛋炒至凝固后盛出；原锅烧热，下入菠菜炒熟，加盐调味，倒入炒好的鸡蛋翻炒均匀即可。

# 菠菜猪肝汤

**材料** 菠菜 100 克,猪肝 70 克,姜丝、胡萝卜片各少许

**调料** 高汤、盐、鸡粉、白糖、料酒、葱油、味精、水淀粉、胡椒粉各适量

**制作指导** 烹饪菠菜前,将菠菜放入热水焯煮片刻可减少草酸含量。

## 制作步骤

❶ 锅中倒入高汤,放入姜丝。

❷ 加入适量盐。

❸ 再放入鸡粉、白糖、料酒烧开。

❹ 倒入猪肝拌匀煮沸。

❺ 放入菠菜、胡萝卜片拌匀。

❻ 煮至熟后,淋入少许葱油。

❼ 撒入胡椒粉搅拌均匀。

❽ 盛出装碗即可。

## 食材处理

❶ 猪肝洗净切片。

❷ 菠菜洗净,对半切开。

❸ 猪肝片加料酒、盐、味精、水淀粉拌匀腌制片刻。

# 包菜

## ◆食疗功效：

1. 增强免疫力：包菜中含有丰富的维生素 C，能强化免疫细胞，对抗感冒病毒。

2. 防癌抗癌：包菜中的萝卜硫素和吲哚类化合物具有很强的抗癌作用。

3. 治疗溃疡：包菜中的维生素 U，是抗溃疡因子，并具有分解亚硝酸胺的作用，对溃疡有着很好的食疗作用。

### 选购窍门

◎要选择完整、无虫蛀、无萎蔫的新鲜包菜。

### 储存之道

◎包菜置于阴凉通风处可保存 2 周左右。

### 健康提示

◎皮肤瘙痒性疾病、咽部充血患者忌食包菜。

 宜　包菜＋鱿鱼（防老抗癌）
　　　包菜＋羊肉（消除疲劳）

 忌　包菜＋猪肝（营养价值降低）
　　　包菜＋虾（导致中毒）

# ▌双椒包菜

**材料**　包菜 150 克，青椒、红椒、胡萝卜各 30 克

**调料**　盐、味精、醋各适量

**做法**

❶ 用盐、味精、醋加适量凉开水调成泡菜汁。

❷ 包菜洗净，撕碎片；青椒、红椒、胡萝卜均洗净，切片。

❸ 将备好的材料放入泡菜汁中浸泡 1 天，取出装盘即可。

# ▌炝炒包菜

**材料**　包菜 400 克

**调料**　干辣椒、盐、鸡精、生抽、白糖、花椒油各适量

**做法**

❶ 将干辣椒洗净，切小段待用。

❷ 将包菜洗净，掰成小块。

❸ 锅内注油烧热，下干辣椒爆香，再倒入包菜煸炒至断生，加盐、鸡精、生抽、白糖调味，淋入花椒油，出锅即成。

# 白萝卜

◆ **食疗功效：**

1. 增强免疫力：白萝卜中富含的维生素C能提高机体免疫力。

2. 防癌抗癌：白萝卜中含有多种微量元素，可增强机体免疫力，并能抑制癌细胞的生长，对防癌、抗癌有着重要意义。

3. 排毒瘦身：白萝卜中还有芥子油，能促进胃肠蠕动，帮助机体将有害物质较快排出体外，有效防止便秘和肠癌。

# 风味萝卜皮

**材料** 白萝卜 500 克

**调料** 蒜末、米椒末各 20 克，生抽、陈醋各 200 克，盐、白糖、葱花、香油、红椒粒各适量

**做法**

❶ 白萝卜取皮切块，洗净后用盐腌渍。

❷ 米椒末与生抽、陈醋、盐、白糖拌匀，装坛，加凉开水，放入萝卜皮泡 1 天，取出装盘。

❸ 将香油浇在盘中，撒葱花、红椒粒即可。

# 秘制白萝卜丝

**材料** 虾米 50 克，白萝卜 350 克，红椒 1 个

**调料** 姜丝少许，料酒 10 克，盐 5 克，鸡精 2 克

**做法**

❶ 将虾米泡发洗净；白萝卜洗净切丝；红椒洗净切小片。

❷ 炒锅置火上，加水烧开，下白萝卜丝焯水，倒入漏勺滤干水分。

❸ 油烧热，倒入虾米、红椒、姜丝，加盐、鸡精、料酒炒匀，起锅倒在白萝卜丝上即可。

# 胡萝卜

◆**食疗功效：**

1. 增强免疫力：胡萝卜含有丰富的胡萝卜素，能有效促进细胞发育，预防先天不足，有助于提高人体免疫力。

2. 补血养颜：胡萝卜中含有的维生素C，有助于肠道对铁的吸收，提高肝脏对铁的利用率，可以帮助治疗缺铁性贫血。

**选购窍门**

◎应选购体形圆直、表皮光滑、色泽橙红的胡萝卜。

**储存之道**

◎用保鲜膜封好，置于冰箱中可保存2周左右。

**健康提示**

◎脾胃虚寒者不适宜食用胡萝卜。

| 宜 | 胡萝卜+羊肉+山药（补脾胃） |
| | 胡萝卜+菠菜（降低中风危险） |
| 忌 | 胡萝卜+醋（破坏胡萝卜素） |
| | 胡萝卜+辣椒（降低营养） |

# 凉拌萝卜丝

**材料** 胡萝卜300克

**调料** 盐3克，香油15克，味精4克

**做法**

❶胡萝卜洗净，去老皮，切成细丝，加入盐腌渍15分钟。

❷在胡萝卜丝中调入香油、味精，拌匀即可。

# 青胡萝卜芡实猪排骨汤

**材料** 排骨300克，青、胡萝卜各150克，芡实100克

**调料** 盐3克

**做法**

❶青、胡萝卜洗净，切大块；芡实洗净，浸泡10分钟。

❷排骨洗净，斩块，氽水。

❸将排骨、芡实和青、胡萝卜放入炖盅内，以大火烧开，改小火煲煮2.5小时，加盐调味即可。

# 芥蓝

## ◆食疗功效：

1. 开胃消食：芥蓝中含有有机碱，这使它带有一定的苦味，能刺激人的味觉神经，增进食欲，还可加快胃肠蠕动，有助于消化。

2. 养心润肺：芥蓝中另一种独特的苦味成分是金鸡纳霜，它能抑制过度兴奋的体温中枢，起到消暑解热的作用。

### 选购窍门
◎以叶色翠绿、柔软，薹茎新嫩的芥蓝为佳。

### 储存之道
◎芥蓝不宜保存太久，建议购买新鲜的芥蓝后尽快食用。

### 健康提示
◎芥蓝有耗人真气的副作用，久食会抑制性激素分泌。

宜　芥蓝＋西红柿（防癌）
　　芥蓝＋山药（消暑）

忌　芥蓝＋黄瓜（破坏维生素C）

# 爽口芥蓝

**材料** 芥蓝 300 克

**调料** 盐、味精、白糖、胡椒粉各3克，醋、红椒、香油各15克

**做法**

1. 芥蓝洗净去皮，切片；红椒洗净切片，与芥蓝一同入开水中焯一下取出装盘。

2. 调入白糖、醋、盐、味精、胡椒粉、香油拌匀即可。

# 芥蓝拌黄豆

**材料** 芥蓝50克，黄豆200克，红椒段4克

**调料** 盐2克，醋、味精各1克，香油5克

**做法**

1. 芥蓝去皮洗净，切成碎段；黄豆洗净。

2. 锅内注水，旺火烧开，把芥蓝放入水中焯熟捞起控干；再将黄豆放入水中煮熟捞出。

3. 黄豆、芥蓝置于碗中，用盐、醋、味精、香油、红椒段调成汁，浇在其上即可。

# 芥蓝拌核桃仁

**材料**　芥蓝 250 克，核桃仁 150 克，红椒 40 克

**调料**　香油 15 克，盐 3 克，醋 10 克

**做法**

① 芥蓝去皮，洗净，切片；红椒洗净，切菱形片。

② 将芥蓝、核桃仁和红椒一起入开水焯几分钟，捞出，沥干水分装盘。

③ 加入香油、醋和盐拌匀即可。

# 玉米芥蓝拌杏仁

**材料**　芥蓝、玉米粒、杏仁各 150 克

**调料**　香油 10 克，盐 3 克，白糖、红椒圈各少许

**做法**

① 将芥蓝去皮洗净，切片；杏仁泡发，洗净；玉米洗净。

② 杏仁上锅蒸熟；芥蓝、玉米、红椒圈分别在开水中煮熟，捞出控水。

③ 将杏仁、芥蓝、玉米加香油、盐、白糖拌匀，撒上红椒圈即可。

# 土豆烩芥蓝

**材料**　土豆 500 克，芥蓝 300 克

**调料**　姜片适量，味精 2 克，盐 5 克

**做法**

① 土豆削皮，洗净切小块，入热油锅稍炒片刻。

② 芥蓝摘去老叶，洗净切段。

③ 炒锅上火，注油烧热，下入土豆块、芥蓝、姜片炒熟，加盐、味精调味即成。

# 草菇芥蓝

**材料**　草菇 200 克，芥蓝 250 克

**调料**　盐 2 克，酱油、蚝油各适量

**做法**

① 将草菇洗净，对半切开；芥蓝削去老、硬的外皮，洗净。

② 锅中注水烧沸，放入草菇、芥蓝焯烫，捞起。

③ 另起锅，倒油烧热，放入草菇、芥蓝，调入盐、酱油、蚝油炒匀即可。

# 香菇

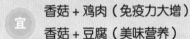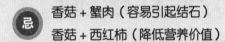
◆食疗功效：

1. 增强免疫力：香菇中的 B 族维生素和锌，可以增强机体的免疫功能。

2. 防癌抗癌：香菇中的多糖能够针对肝、胃、结肠及乳腺癌发挥食疗保健作用。

3. 降低血压：香菇含有维生素 C，能起到降低胆固醇、降血压的作用，而且没有副作用。

| 宜 | 香菇 + 鸡肉（免疫力大增） |
| | 香菇 + 豆腐（美味营养） |
| 忌 | 香菇 + 蟹肉（容易引起结石） |
| | 香菇 + 西红柿（降低营养价值） |

# 香菇烧山药

材料　山药 150 克，香菇、板栗、小白菜各 50 克

调料　盐、淀粉、味精各适量

做法

❶山药洗净切块；香菇洗净；板栗去壳洗净；小白菜洗净。

❷板栗用水煮熟；小白菜过水烫熟，放在盘中摆放好备用。

❸热锅下油，放入山药、香菇、板栗爆炒，调入盐、味精，用水淀粉收汁装盘即可。

# 煎酿香菇

材料　香菇 200 克，肉末 300 克

调料　盐、葱、蚝油、老抽、高汤各适量

做法

❶香菇洗净，去蒂托；葱择洗净，切末；肉末放入碗中，调入盐、葱末拌匀。

❷将拌匀的肉末酿入香菇中。

❸平底锅中注油烧热，放入香菇煎至八成熟，调入蚝油、老抽和高汤，煮至入味即可盛出。

# 香菇肉丸

**材料** 香菇50克，虾100克，绞猪肉200克，鸡蛋1个

**调料** 淀粉、盐、姜汁、料酒、高汤、水淀粉各适量

**做法**

❶香菇洗净；虾剁成泥；绞猪肉与虾泥加蛋清、淀粉、盐、姜汁、料酒做成肉丸，酿在香菇上。

❷将香菇入微波炉烹熟，取出；用高汤和淀粉勾芡，淋在香菇肉丸上即可。

# 双菇扒上海青

**材料** 上海青300克，香菇、草菇各20克

**调料** 盐、胡椒粉、料酒、香油各适量，葱、姜各10克

**做法**

❶上海青洗净；香菇、草菇泡发洗净；葱、姜洗净切片。

❷锅注水烧开，入上海青烫熟，捞出沥水装盘；香菇、草菇焯水备用。

❸油锅烧热，放葱、姜炒香，加入香菇、草菇，入调味料炒匀，盛出即可。

# 清香三素

**材料** 竹笋、水发香菇、荷兰豆各200克

**调料** 盐、味精各5克，淀粉、香油各10克

**做法**

❶竹笋、香菇、荷兰豆均洗净，竹笋切成条，香菇切块，荷兰豆去老筋，切块。

❷油锅烧热，加入竹笋、香菇和荷兰豆，一起翻炒至熟后加盐和味精调味，再用水淀粉勾芡，淋上香油，装盘即可。

# 金针菇

◆**食疗功效**:

1. 提神健脑: 金针菇中含有较丰富的赖氨酸,它可提高记忆力。

2. 增强免疫力: 金针菇中有较多的锌,配合胡萝卜素以及赖氨酸的免疫作用,可以使免疫力增强。

3. 防癌抗癌: 金针菇含有的朴菇素能有效抑制肿瘤的生长,具有抗癌的作用。

4. 降低血压: 金针菇高钾低钠,有很好的降低血压的功效。

**选购窍门**

◎要选择新鲜无异味的金针菇。

**储存之道**

◎用保鲜膜封好,放在冰箱中可存放1周。

**健康提示**

◎脾胃虚寒者不宜过多食用金针菇。

| 宜 | 金针菇 + 鸡肉（益智补脑） |
| | 金针菇 + 瘦肉（健脾安神） |
| 忌 | 金针菇 + 驴肉（诱发心绞痛） |
| | 金针菇 + 猪肝（降低营养价值） |

# 金针菇牛肉卷

**材料** 金针菇 250 克,牛肉 100 克,红椒、青椒各 15 克

**调料** 油 50 克,烧烤汁 30 克

**做法**

❶牛肉洗净切成长薄片;青、红椒洗净切丝备用;金针菇洗净。

❷将金针菇、辣椒丝卷入牛肉片。

❸锅中注油烧热,放入牛肉卷煎熟,淋上烧烤汁即可。

# 金针菇金枪鱼汤

**材料** 金枪鱼肉 150 克,金针菇 150 克,西蓝花 75 克,天花粉 15 克,知母 10 克

**调料** 姜丝 5 克,盐 2 小匙

**做法**

❶将天花粉和知母放入棉布袋;鱼肉洗净;金针菇、西蓝花洗净,剥成小朵备用。

❷清水注入锅中,放棉布袋和全部材料煮沸,取出棉布袋,放入姜丝和盐调味即可。

# 拌金针菇

材料 金针菇、黄花菜、香菜、红辣椒各适量

调料 香油、盐、味精、白糖各少许

做法

① 将金针菇、黄花菜洗净放入沸水中焯熟捞出，沥干水分；香菜洗净切段；红辣椒洗净切丝待用。

② 金针菇、黄花菜放入盘内，加盐、白糖、味精、香油拌匀。

③ 在金针菇、黄花菜上放上香菜、辣椒丝即可。

# 炒金针菇

材料 金针菇200克，黄花菜100克

调料 盐3克，红椒、青椒各30克

做法

① 将金针菇洗净；黄花菜泡发，洗净；红椒、青椒洗净，去籽，切条。

② 锅置火上，油烧热，放入红椒、青椒爆香。

③ 再放入金针菇、黄花菜，调入盐炒熟即可。

# 蚝汁扒群菇

材料 平菇、口蘑、滑子菇、金针菇各100克，蚝油15克，青椒、红椒各适量

调料 盐3克，味精1克，生抽8克，料酒10克

做法

① 菌类菜均洗净，用热水焯烫后捞起；青椒、红椒洗净，切片。

② 油烧热，下料酒，放菌菇类食材炒至快熟时，加入盐、生抽、蚝油翻炒。

③ 汤汁快干时，加入青、红椒片稍炒，加入味精调味即可。

# 平菇

## ◆食疗功效：

1. 防癌抗癌：平菇含有抗肿瘤细胞的硒、多糖体等物质，对肿瘤细胞有抑制作用。

2. 增强免疫：平菇含有的多种维生素及矿物质可以改善人体新陈代谢，增强体质。

## 选购窍门

◎选择菇面整齐不坏、颜色正常、肥厚、气味纯正清香、无杂味、无病虫害，菌伞的边缘向内卷曲的鲜平菇为佳。

## 储存之道

◎将平菇装入塑料袋中，存放于干燥处。

## 健康提示

◎对菌类过敏者不宜食用平菇。

| 宜 | 平菇 + 鸡肉（增强记忆力） |
|---|---|
| | 平菇 + 木耳（清肺润燥） |
| 忌 | 平菇 + 鹌鹑（引发痔疮） |

# 椒盐平菇

**材料** 平菇200克，青、红椒各少许

**调料** 椒盐2克，胡椒粉5克，水淀粉适量

## 做法

① 平菇洗净，去柄，留菌盖；青、红椒洗净，切丁。

② 锅内注适量油，平菇略裹水淀粉后下锅炸至金黄色，捞起控油。

③ 另起油锅，放入平菇及青、红椒丁翻炒均匀，加椒盐、胡椒粉调味，起锅盛盘即可。

# 大白菜炒双菇

**材料** 大白菜、香菇、平菇、胡萝卜各100克

**调料** 盐3克

## 做法

① 大白菜洗净切段；香菇、平菇均洗净切块，焯烫片刻；胡萝卜洗净，去皮切片。

② 净锅上火，倒油烧热，放入大白菜、胡萝卜翻炒。

③ 再放入香菇、平菇，调入盐炒熟即可。

# 茶树菇

◆**食疗功效：**

1. 增强免疫力：茶树菇中的糖类化合物能增强免疫力，促进形成抗氧化成分。

2. 防癌抗癌：茶树菇中的核酸能明显控制细胞突变成癌细胞或其他病变细胞，从而避免肿瘤的发生。

3. 降低血糖：茶树菇低脂低糖，且富含多种矿物元素，能有效降低血糖和血脂。

**选购窍门**

◎以菇形完整、菌盖有弹性、菌柄脆嫩的为佳。

**储存之道**

◎剪去根部及杂质，烘干保存或速冻保鲜。

**健康提示**

◎常食茶树菇可起到抗衰老、美容等作用。

| 宜 | 茶树菇 + 猪排骨（强身健体） |
| | 茶树菇 + 鸡肉（味美营养） |
| 忌 | 茶树菇 + 酒（易中毒） |
| | 茶树菇 + 鹌鹑肉（降低营养价值） |

# 香牛干炒茶树菇

**材料** 牛肉干 300 克，茶树菇 350 克，蒜薹 150 克，洋葱片 100 克

**调料** 干辣椒 20 克，酱油 5 克，鸡精 1 克，盐 3 克

**做法**

❶牛肉干泡发，洗净切条；茶树菇洗净，切段；蒜薹洗净切段。

❷锅倒油烧热，放入干辣椒、茶树菇煸炒，加入蒜薹、洋葱片翻炒，最后加入牛肉干炒匀。

❸加入盐、酱油、鸡精调味，出锅即可。

# 牛柳炒茶树菇

**材料** 牛柳、茶树菇各 90 克，洋葱、辣椒各 50 克

**调料** 盐 2 克，淀粉、黑胡椒粉、酱油各适量

**做法**

❶牛柳洗净切丝，用淀粉、酱油抓匀，腌渍片刻；茶树菇洗净；洋葱、辣椒分别洗净，切丝。

❷油锅烧热，放入牛柳炒至断生，加入茶树菇、洋葱、辣椒翻炒至熟。

❸加入盐、黑胡椒粉调味，炒匀装盘即可。

# 木耳

◆**食疗功效：**

1. 排毒瘦身：木耳可促进胃肠蠕动，防止便秘，有排毒瘦身的功效。

2. 提神健脑：木耳含有的卵磷脂，可以增强记忆力与注意力。

3. 补血养颜：木耳中铁的含量极为丰富，常吃能养血驻颜，并可预防缺铁性贫血。

4. 降低血压：常吃黑木耳可降低血液中胆固醇的含量，对冠心病、心脑血管病颇为有益。

**选购窍门**

◎木耳宜选用色泽黑褐、质地柔软者。

**储存之道**

◎晒干后可保存较长时间。

**健康提示**

◎木耳含有抗肿瘤活性物质，经常食用还可防癌抗癌。

**宜** 木耳 + 黄瓜（排毒瘦身）
木耳 + 包菜（多种功效）

**忌** 木耳 + 白萝卜（导致皮炎）
木耳 + 田螺（不利消化）

# 肥牛烧黑木耳

**材料** 肥牛肉 150 克，黑木耳 100 克，洋葱 20 克

**调料** 辣椒 10 克，盐、味精各 4 克，酱油 10 克

**做法**

① 肥牛洗净，切块；黑木耳洗净，摘蒂，撕成小块；辣椒、洋葱洗净，切小块。

② 油锅烧热，入肥牛煸炒，至肉色变色时，加黑木耳炒熟。

③ 放辣椒、洋葱炒香，入盐、味精、酱油调味，盛盘即可。

# 鸡汁黑木耳

**材料** 黑木耳 150 克，上海青 200 克，火腿少许

**调料** 盐 2 克，鸡汁、鸡油各 15 克，清汤适量

**做法**

① 黑木耳泡发洗净；上海青洗净略烫；火腿切丝。

② 锅内倒入清汤烧开，放入上海青，下黑木耳用小火煨熟，加盐调匀，连清汤一起倒入盘中。

③ 撒上火腿丝，淋上鸡汁、鸡油即可食用。

# 醋泡黑木耳

**材料** 黑木耳 250 克

**调料** 盐、醋、葱花各适量，红尖椒 10 克

**做法**

① 将木耳洗净泡发；红尖椒洗净切碎备用。

② 烧适量开水，放入盐、醋、红尖椒、葱花调成味汁；木耳用开水煮熟。

③ 将调好的味汁淋在煮熟的木耳上即可。

# 木耳炒鸡蛋

**材料** 鸡蛋 4 个，水发木耳 20 克

**调料** 香葱 5 克，盐 3 克

**做法**

① 鸡蛋打入碗中，加少许盐搅拌均匀；水发木耳洗净，撕成小片；葱洗净，切花。

② 锅中加油烧热，下入鸡蛋液炒至凝固后盛出；原锅再加油烧热，下入木耳炒熟，加盐调味，再倒入炒好的鸡蛋炒匀，加葱花即可。

# 莴笋炒木耳

**材料** 莴笋 200 克，水发木耳 80 克

**调料** 盐 2 克，味精 1 克，生抽 8 克

**做法**

① 莴笋去皮，洗净切片；木耳洗净，与莴笋一同焯水后沥干。

② 油锅烧热，放入莴笋、木耳翻炒，加入盐、生抽炒入味，加入味精调味，起锅装盘即可。

# 玉米

对预防癌症等疾病有很大好处。

◎玉米以整齐、饱满、色泽金黄者为佳。

◎玉米可风干水分保存。

◎皮肤病患者忌食玉米。

## ◆食疗功效：

1. 增强免疫力：玉米能清除体内自由基，排除体内毒素，增强人体免疫功能。

2. 提神健脑：玉米中的维生素 E 能有效防止脑功能衰退，对改善记忆力有好处。

3. 防癌抗癌：玉米含有丰富的不饱和脂肪酸，尤其是亚油酸的含量高达 60% 以上，它和玉米胚芽中的维生素 E 协同作用，

 宜　玉米 + 鸡蛋（预防胆固醇过高）
玉米 + 豆腐（增强营养）

 忌　玉米 + 红薯（对肠胃不好）
玉米 + 酒（影响维生素 A 的吸收）

# ▍香油玉米

**材料** 玉米粒 300 克，香油 10 克

**调料** 盐 3 克，味精 2 克，青、红椒各 20 克

**做法**

① 将青、红椒去蒂、去籽，洗净，切成粒状。

② 锅上火，加水烧沸，将玉米粒下水稍焯，捞出，盛入碗内。

③ 玉米碗内加入青、红椒粒，调入香油、盐、味精一起拌匀即可。

# ▍果味玉米笋

**材料** 玉米笋 8 个，上海青 8 棵，玉米粒 100 克

**调料** 香油、盐各适量，枸杞少许

**做法**

① 玉米笋去衣，切掉穗梗，洗净煮熟备用。

② 玉米粒和枸杞、上海青洗净，上海青去叶，全部用沸水烫熟备用。

③ 将玉米笋和玉米粒、枸杞、上海青用香油、盐拌匀，装盘摆好即可。

# 鲜玉米烩豆腐

**材料** 肉末 120 克，嫩豆腐 450 克，玉米粒 50 克，西蓝花、红椒各少许，葱花 20 克

**调料** 辣椒酱 30 克，盐、味精、鸡粉、老抽、料酒、水淀粉、食用油各适量

**制作指导** 豆腐先用冷水浸泡一会儿再切块，不易切碎。

## 食材处理

❶ 嫩豆腐切成块。

❷ 洗净的红椒切成粒。

❸ 锅中注入清水烧沸，倒入洗净的西蓝花。

❹ 加少许盐，焯至熟。

❺ 捞出沥干水备用。

❻ 原锅中再放入豆腐。

❼ 焯煮片刻，捞出备用。

❽ 放入玉米粒。

❾ 焯至熟，捞出备用。

## 制作步骤

❶ 炒锅热油，倒入肉末炒香，加老抽炒匀上色。

❷ 淋入料酒炒匀。

❸ 放入红椒，注入少许清水，翻炒均匀。

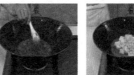

❹ 再加入辣椒酱搅匀。

❺ 倒入豆腐、玉米。

❻ 加盐、味精、鸡粉翻炒均匀，煮至入味。

❼ 用水淀粉勾芡。

❽ 翻炒均匀。

❾ 出锅盛入盘中，放入西蓝花、葱花装饰即成。

# 辣味玉米笋

**材料** 罐装玉米笋 1 瓶，姜末 40 克

**调料** 葱末 25 克，香油 10 克，味精适量，红油 20 克，盐适量

**做法**

① 玉米笋取出后用刀从中间剖开。

② 将玉米笋放入开水中稍煮，捞出，放凉，码放盘中。

③ 将红油、香油、盐、葱末、姜末、味精一同撒在玉米笋上拌匀即可。

# 玉米粒煎肉饼

**材料** 猪肉 500 克，玉米粒 200 克，青豆 100 克

**调料** 盐 3 克，鸡精 2 克，水淀粉适量

**做法**

① 猪肉洗净，剁成蓉；玉米粒和青豆均洗净备用。

② 将猪肉与水淀粉、玉米粒、青豆混合均匀，加盐、鸡精，搅匀后做成饼状。

③ 锅下油烧热，将肉饼放入锅中，用中火煎炸至熟，捞出控油摆盘即可。

# 金沙玉米粒

**材料** 玉米粒 300 克，玉米淀粉 100 克，熟咸鸭蛋黄 100 克

**调料** 盐适量

**做法**

① 咸鸭蛋黄切碎；玉米粒洗净。

② 将玉米淀粉放入容器中，加入玉米粒搅匀待用。

③ 锅中注油烧至八成热，下入玉米粒炸片刻，盛入盘中；锅中留底油烧热，放入咸蛋黄、玉米粒、盐翻炒均匀即可。

# 松仁玉米

**材料** 玉米粒 400 克，炸好的松子仁、胡萝卜、青豆各 25 克

**调料** 盐、糖、鸡精、淀粉各适量

**做法**

① 胡萝卜洗净切丁；青豆、玉米粒均洗净焯水，捞出沥水。

② 油锅烧热，放入胡萝卜丁、玉米粒、青豆炒熟，加入盐、糖、鸡精炒匀，勾芡后装盘，撒上松子仁即可。

# 黄豆

◆食疗功效：

1. 增强免疫：黄豆富含蛋白质及矿物元素铁、镁等，以及人体必需的 8 种氨基酸，可以增强人体免疫力。

2. 降低血脂：黄豆中的大豆蛋白质和豆固醇，能明显地改善和降低血脂和胆固醇，从而降低患心血管疾病的概率。

3. 提神健脑：黄豆还富含维生素 E、胡萝卜素、磷脂，可增强记忆力。

 选购窍门

◎颗粒饱满、无霉烂、无虫蛀的是好黄豆。

 储存之道

◎晒干，用塑料袋装好，放阴凉干燥处保存。

健康提示

◎黄豆是适宜虚弱者食用的补益食品。

| 宜 | 黄豆＋花生（丰胸健乳） |
| | 黄豆＋红枣（补血降血脂） |
| 忌 | 黄豆＋酸奶（影响钙的消化吸收） |
| | 黄豆＋虾皮（影响钙的消化吸收） |

# 酒酿黄豆

材料　黄豆 200 克

调料　醪糟 100 克

做法

① 黄豆用水洗好，浸泡 8 小时后去皮，洗净，捞出待用。

② 把洗好的黄豆放入碗中，倒入准备好的部分醪糟，放入蒸锅里蒸熟。

③ 在蒸熟的黄豆里点入一些新鲜的醪糟即可。

# 黄豆煨猪尾

材料　猪尾 250 克，黄豆 100 克

调料　盐、料酒、蚝油、酱油、胡椒粉、香油各适量

做法

① 猪尾处理净，汆水，切长块。

② 黄豆浸泡后上笼蒸熟，取出。

③ 油锅烧热，下入猪尾略煸，烹入料酒，放蚝油、酱油炒匀，加鲜汤、盐、胡椒粉调味，小火煨至猪尾软烂时，放入黄豆，旺火收浓汤汁，淋香油即可。

# 韭菜黄豆炒牛肉

**材料** 韭菜 200 克，黄豆 300 克，牛肉 100 克

**调料** 干辣椒 10 克，盐 3 克

**做法**

① 韭菜洗净切段；黄豆洗净，浸泡约 1 小时后沥干；牛肉洗净切条；干辣椒洗净切段。

② 锅中倒油烧热，下入牛肉和黄豆炒至断生，加入韭菜炒熟。

③ 下干辣椒和盐，翻炒至入味即可。

# 酥黄豆嫩牛肉

**材料** 牛肉、黄豆各 300 克，青椒少许

**调料** 干辣椒、姜、红油、酱油、盐各适量

**做法**

① 黄豆洗净，用温水浸泡变软捞出沥水，入油锅中炸熟，捞出。

② 牛肉洗净切片，汆水，再入冰水中浸泡，捞起沥干水备用；青椒、姜分别洗净切片。

③ 油锅烧热，爆香干辣椒、姜片、酱油、红油，下黄豆、牛肉炒熟，调入盐，炒匀盛出。

# 鸭子炖黄豆

**材料** 鸭半只，黄豆 200 克

**调料** 上汤 750 克，盐、味精各适量

**做法**

① 将鸭处理干净斩块；黄豆洗净泡软。

② 鸭块与黄豆一起入锅中过沸水，捞出。

③ 上汤倒入锅中，放入鸭子和黄豆，炖 1 小时，调入盐、味精即可。

# 豆角

**◆食疗功效：**

1. 增强免疫力：豆角提供了易于消化吸收的优质蛋白质，可补充机体的营养素；增强免疫能力。

2. 开胃消食：豆角所含 B 族维生素能维持正常的消化腺分泌，抑制胆碱酶活性，帮助消化。

3. 防癌抗癌：豆角中所含维生素有防癌抗癌的功效。

| 宜 | 豆角 + 猪肉（营养丰富） |
| | 豆角 + 蕹菜（健脾利湿） |
| 忌 | 豆角 + 桂圆（引起腹胀） |
| | 豆角 + 糖（影响糖的吸收） |

# 豆角香干

**材料** 豆角 150 克，香干 100 克，蒜末少许

**调料** 酱油、盐、红油、香油、醋各 3 克

**做法**

❶豆角去头和尾，洗净后切段；香干洗净切条。

❷将水烧沸后，下豆角、香干焯水后捞出，沥水装盘。

❸爆香蒜末后盛出，加入酱油、香油、盐、红油、醋拌匀，做成调味料，食用时蘸食即可。

# 风味豆角

**材料** 鲜豆角 250 克，泡辣椒 20 克，菊花瓣 5 克

**调料** 盐 5 克，味精 3 克，麻油 20 克

**做法**

❶鲜豆角洗净，择去头尾，切成小段，入沸水锅中焯熟后，捞出装盘。

❷泡辣椒取出，切碎；菊花瓣洗净，用沸水稍烫。

❸将泡辣椒、菊花瓣倒入豆角中，再加入盐、味精、麻油一起拌匀即可。

# 芝麻酱拌豆角

材料 豆角 500 克，芝麻酱 100 克

调料 香油、盐各 10 克，大蒜末 20 克

做法

① 将豆角择洗干净，放入沸水中焯熟，捞出沥干水分，切成长段，放入盆内。

② 将芝麻酱用凉开水化开，加入盐、香油、大蒜末，调成味汁。

③ 将味汁淋在豆角上即可。

# 酸豆角肉末

材料 猪肉 300 克，酸豆角 200 克

调料 盐 3 克，醋 10 克，红辣椒、葱各适量

做法

① 猪肉洗净，切成肉末；酸豆角洗净，切成丁；红辣椒、葱洗净，切段。

② 炒锅置于火上，注油烧热，放入肉末翻炒，再加入盐、醋继续翻炒至肉末熟，放入酸豆角、红辣椒、葱段翻炒。

③ 起锅装盘即可。

# 腊肉炒干豆角

材料 腊肉 200 克，干豆角 100 克，蒜薹 30 克

调料 干辣椒 20 克，盐、香油、酱油各适量

做法

① 腊肉洗净，切片；干豆角洗净切段；蒜薹、干辣椒洗净，切段。

② 油锅烧热，下入干辣椒爆香，再加入腊肉煸炒 2 分钟，接着倒入干豆角、蒜薹一起烹炒，加少量水焖 8 分钟。

③ 加入盐和酱油炒匀，淋入香油即可出锅。

# 酸豆角炒鸡杂

材料 酸豆角 200 克，鸡杂 150 克，指天椒 20 克

调料 盐 2 克，味精 3 克，酱油 5 克

做法

① 将酸豆角稍泡去掉咸味后，切成长段。

② 鸡杂洗净切麦穗花刀，再用盐、酱油腌渍一会儿。

③ 油烧热，下入鸡杂、酸豆角、指天椒爆炒熟后加入味精即可。

# 荷兰豆

◆**食疗功效:**

1. 开胃消食:荷兰豆含有胡萝卜素和钙,B族维生素的含量也很高,富含蛋白质和多种氨基酸,常食对脾胃有益,能增进食欲,起到开胃消食的作用。

2. 增强免疫:荷兰豆对增强人体新陈代谢功能有十分重要的作用,其营养价值高,常食还能增强人体免疫力。

**选购窍门**

◎能把豆荚弄得"沙沙"响,说明荷兰豆是新鲜的。

**储存之道**

◎荷兰豆放入保鲜袋中,扎紧口袋,低温保存。

**健康提示**

◎慢性胰腺炎患者忌食荷兰豆。

| 宜 | 荷兰豆 + 蘑菇(开胃消食) |
| | 荷兰豆 + 松仁(防癌抗癌) |
| 忌 | 荷兰豆 + 虾(易引起中毒) |
| | 荷兰豆 + 螃蟹(容易引起腹痛腹泻) |

# 千层荷兰豆

**材料** 荷兰豆 300 克,红椒少许

**调料** 盐 3 克,香油适量

**做法**

❶荷兰豆去掉老筋洗净,剥开;红椒去蒂洗净,切丝。

❷锅入水烧沸,放入荷兰豆焯熟,捞出沥干,加盐、香油拌匀后摆盘,用红椒丝点缀即可。

# 清炒荷兰豆

**材料** 荷兰豆 300 克

**调料** 香油 10 克,盐、味精各 5 克

**做法**

❶荷兰豆摘去头、尾老筋,洗净后切片待用。

❷锅烧热加油,放进荷兰豆滑炒,炒至将熟下盐、味精炒匀,浇上香油即可装盘。

# 蒜蓉荷兰豆

**材料** 荷兰豆 350 克，大蒜 100 克

**调料** 盐、淀粉各适量

**做法**

①荷兰豆择去头、尾、老筋，洗净后下入加了盐和油的沸水锅中焯水，取出沥干水分待用；大蒜去皮，剁成蓉。

②炒锅注油烧热，下蒜蓉煸香。

③再放入荷兰豆，加盐快速翻炒，用淀粉勾芡，出锅装盘。

# 荷兰豆炒本菇

**材料** 荷兰豆 150 克，本菇 200 克

**调料** 盐、酱油各 5 克，味精 3 克，鸡精 2 克

**做法**

①荷兰豆择去头、尾和老筋，洗净；本菇洗净，撕成小朵。

②将荷兰豆和本菇一同入沸水中焯烫。

③锅烧热加油，下入荷兰豆和本菇炒熟，加入盐、味精、鸡精、酱油炒匀即可。

# 荷兰豆金针菇

**材料** 荷兰豆、金针菇各 100 克

**调料** 青辣椒 35 克，红辣椒 20 克，盐 3 克，生抽 10 克

**做法**

①金针菇洗净，焯水；荷兰豆，青、红辣椒均洗净，切丝，一同焯水后沥干。

②油锅烧热，加入青、红辣椒炒香，放入金针菇、荷兰豆，翻炒至熟，加入盐、生抽调味，炒匀起锅装盘即可。

# 四季豆

◆ 食疗功效：

1. 降低胆固醇：四季豆中含有的可溶性纤维可降低胆固醇。

2. 增强免疫力：四季豆含有皂苷等独特成分，能提高人体免疫力，增加抗病能力。

3. 排毒瘦身：四季豆中的皂苷类物质能降低脂肪吸收功能，促进脂肪代谢，起到排毒瘦身的作用。

**选购窍门**
◎ 以豆条粗细均匀、色泽鲜艳、子粒饱满的四季豆为佳。

**储存之道**
◎ 四季豆通常直接放在塑胶袋中冷藏。

**健康提示**
◎ 腹胀者不宜食用四季豆。

| 宜 | 四季豆 + 鸡肫（开胃消食） |
| | 四季豆 + 鸡蛋（增加营养） |

| 忌 | 四季豆 + 咸鱼（影响钙质的吸收） |
| | 四季豆 + 醋（破坏类胡萝卜素） |

# 榄菜四季豆

**材料** 橄榄菜 50 克，四季豆 250，花生 100 克

**调料** 红椒丁 30 克，生抽 20 克，盐 5 克，香油 10 克

**做法**

① 四季豆去老筋，洗净，切丁；花生洗净，炒熟去衣。

② 油锅烧热，加红椒丁炒香，放入四季豆、生抽翻炒。

③ 四季豆炒至半熟时，加入花生、橄榄菜、盐翻炒，炒熟，淋上香油起锅装盘。

# 干煸四季豆

**材料** 四季豆 200 克，猪肉、冬菜各 50 克

**调料** 高汤、姜、蒜、盐、糖、酱油各适量

**做法**

① 猪肉洗净切成末待用；将四季豆择洗干净，切成长段。

② 将冬菜切成末。

③ 将四季豆段放入热油锅内过油捞出，锅内留少许油，再下肉末煸炒，放入冬菜末、姜蒜末和四季豆段，用中火干煸片刻，添高汤，收干汤汁，加盐、糖、酱油调味即可。

# 芹菜

◆**食疗功效**：

1. 补血养颜：芹菜富含铁，铁是合成血红蛋白不可缺少的原料，是促进B族维生素代谢的必要物质，有补血的功效。

2. 降低血压：芹菜含有酸性的降压成分，可使血管扩张，并可降压。

3. 提神健脑：从芹菜籽中分离出的一种碱性成分，对人体能起到安神的作用。

**选购窍门**

◎以茎杆粗壮、无黄萎叶片者为佳。

**储存之道**

◎芹菜用保鲜膜包紧，放入冰箱中可储存2～3天。

**健康提示**

◎芹菜有降血压的作用，故血压偏低者要少食。

 宜 | 芹菜＋牛肉（降血压）
芹菜＋西红柿（降脂降压）

 忌 | 冬芹菜＋螃蟹（影响蛋白质吸收）
芹菜＋蛤蜊（导致腹泻）

# 芹菜拌腐竹

**材料** 芹菜、腐竹各200克，红椒20克

**调料** 香油10克，盐3克，味精2克

**做法**

①芹菜洗净，切段；红椒洗净切圈，与芹菜一同放入开水锅内焯一下，捞出，沥干水分。

②腐竹以水泡发，切段。

③将芹菜、腐竹、红椒圈调入盐、味精、香油一起拌匀即成。

# 葱油西芹

**材料** 西芹300克，胡萝卜50克，葱段少许

**调料** 盐、醋、生抽、香油各3克

**做法**

①西芹留梗洗净，切块；胡萝卜洗净，切块；葱段放入油锅爆香。

②锅内放水，烧开，把西芹块入开水内焯一下，捞出控水，入盘中，放胡萝卜块，倒入葱段和油，加入生抽、醋、盐、香油拌匀，即可食用。

# 芹菜炒香菇

**材料** 香芹150克，鲜香菇120克，青、红椒各10克

**调料** 盐、味精、水淀粉、食用油各适量

**制作指导** 芹菜易熟，所以炒制时间不能太长，否则成菜口感不脆嫩。

**制作步骤**

## 食材处理

❶ 将洗净的香菜切段。

❷ 洗好的鲜香菇去蒂，切成丝。

❸ 将红椒、青椒切成丝。

❹ 锅中注水烧开，加入油、盐，倒入香菇煮沸。

❺ 捞出已经煮好的香菇。

❶ 另起锅，注油烧热，倒入香菇。

❷ 倒入芹菜，再倒入青红椒。

❸ 注入少许清水翻炒至熟。

❹ 锅中加入盐、味精炒匀调味。

❺ 加入少许水淀粉勾芡，炒匀。

❻ 将做好的菜盛入盘内即成。

# 香油芹菜

**材料** 芹菜 400 克，红椒粒 20 克

**调料** 香油 20 克，盐 3 克，鸡精 1 克

**做法**

① 将芹菜摘去叶子，洗净，切碎，焯水，捞出沥干，装盘待用。

② 加入适量香油、盐、鸡精和红椒粒，一起搅拌均匀即可食用。

# 香芹油豆丝

**材料** 芹菜、油豆腐各 150 克

**调料** 红椒 15 克，盐 3 克，香油、酱油各 10 克

**做法**

① 芹菜洗净切段，放入开水中烫熟，捞出沥干；油豆腐洗净切丝，入锅烫熟后捞起；红椒洗净切丝，放入沸水中焯一下。

② 将盐、酱油调成味汁。

③ 将芹菜、油豆腐丝、红椒加入味汁拌匀，淋上香油即可。

# 西芹百合

**材料** 西芹 300 克，百合 25 克，胡萝卜 20 克

**调料** 盐、味精各适量

**做法**

① 百合去除杂质，洗净待用。

② 西芹去老叶、老梗，洗净切段；胡萝卜去皮洗净，切片。

③ 炒锅注油烧至六成热，放入西芹、百合、胡萝卜炒熟，加味精和盐调味即可。

# 拌炒芹菜

**材料** 芹菜 500 克

**调料** 干红辣椒、盐、生抽各适量

**做法**

① 将芹菜去根须，洗净，用直刀切成长段；干红辣椒洗净，切长段。

② 炒锅上火，注油烧热，下入干红辣椒炒出香味。

③ 再放入芹菜略翻炒，加入盐、生抽炒匀，出锅装盘即可。

# 西红柿

**选购窍门**
◎选择外观圆滑、透亮而无斑点的为佳。

**储存之道**
◎放在阴凉通风处，可保存10天左右。

**健康提示**
◎急性肠炎、菌痢及溃疡活动期病人不宜食用西红柿。

◆**食疗功效：**

1.增强免疫力：西红柿中的B族维生素能调节人体代谢功能，增强免疫力。

2.防癌抗癌：西红柿中含有的番茄红素，能有效延缓衰老，并能有效地预防前列腺癌、宫颈癌和心脑血管等病。

3.降低血压：西红柿中的维生素C有生津止渴、健胃消食、清热解毒、降低血压的功效。

| 宜 | 西红柿＋花菜（预防心血管疾病） |
| | 西红柿＋牛腩（健脾开胃） |
| 忌 | 西红柿＋黄瓜（降低营养） |
| | 西红柿＋土豆（消化不良） |

# 蜂蜜西红柿

**材料** 西红柿1个

**调料** 蜂蜜适量

**做法**

❶西红柿洗净，用刀在表面轻划，分切成四等份，但不切断。

❷将西红柿入沸水锅中稍烫后捞出。

❸沸水中加入蜂蜜煮开。

❹将煮好的蜜汁淋在西红柿上即可。

# 姜汁西红柿

**材料** 西红柿150克，老姜50克

**调料** 醋、酱油各10克，红糖适量

**做法**

❶西红柿洗净，切块，装盘备用。

❷老姜去皮洗净，切末。

❸姜末装入碟中，加醋、酱油拌匀。

❹再加入红糖调匀成味汁，食用时蘸上味汁即可。

# 蛋包西红柿

**材料** 西红柿 250 克，鸡蛋 3 个，牛奶 50 克

**调料** 葱末、盐各适量

**做法**

①鸡蛋打入碗内，加牛奶、盐搅成蛋糊；西红柿洗净，稍烫，去皮，切末。

②油烧热，下葱末，加西红柿末炒透，倒入碗内。

③油锅烧热，倒入蛋糊两面煎透后将西红柿末、葱末放在蛋饼中央，将蛋饼卷起呈椭圆形，煎至两面发黄且熟时即可。

# 西红柿豆腐汤

**材料** 西红柿 250 克，豆腐 2 块

**调料** 盐 15 克，胡椒粉 1 克，水淀粉 15 克，味精 1 克，香油 5 克，菜油 150 克，葱花 25 克

**做法**

①豆腐洗净切小粒；西红柿洗净，切成粒；豆腐加西红柿、胡椒粉、盐、味精、水淀粉拌匀。

②炒锅烧热下菜油，入豆腐、西红柿翻炒至香。

③加适量水约煮 5 分钟，撒上葱花，调入盐，淋上香油即可。

# 三丝西红柿汤

**材料** 猪瘦肉 100 克，粉丝 25 克，西红柿 20 克

**调料** 盐 3 克，味精 1 克，料酒 15 克，香油少许，高汤适量

**做法**

①猪肉、西红柿均洗净，切丝；粉丝用温水泡软。

②炒锅上火，加入高汤烧开，加入肉丝、西红柿、粉丝。

③待汤沸，加入料酒、盐、味精，盛入汤碗内，淋香油即可。

# 蛋花西红柿紫菜汤

**材料** 紫菜 100 克，西红柿 50 克，鸡蛋 50 克

**调料** 盐 3 克

**做法**

①紫菜泡发，洗净；西红柿洗净，切块；鸡蛋打散。

②锅置于火上，加入植物油，注水烧至沸时，放入紫菜、鸡蛋、西红柿。

③再煮至沸时，加盐调味即可。

# 土豆

◆食疗功效：

1. 排毒瘦身：土豆具有低脂肪、多纤维的特点，食用土豆不仅能促进肠道蠕动，帮助消化，并有预防大肠癌的功效。

2. 增强免疫力：土豆中含有丰富的蛋白质，其中更有人体必需的 8 种氨基酸，它对于增加人体抵抗力、提高免疫力有着很好的作用。

3. 降低血糖：土豆含有丰富的钾，有降低血压的功效。

**选购窍门**

◎应选表皮光滑、个体大小一致的土豆。

**储存之道**

◎土豆放置在阴凉通风处可以保存两周左右。

**健康提示**

◎孕妇慎食土豆，以免增加妊娠风险。

| 宜 | 土豆 + 茄子（预防高血压） |
| | 土豆 + 牛肉（保护胃黏膜） |
| 忌 | 土豆 + 香蕉（产生雀斑） |
| | 土豆 + 西红柿（消化不良） |

# 辣拌土豆丝

**材料** 土豆 500 克，青、红辣椒各 50 克

**调料** 盐 5 克，醋 10 克，红油、香油各 25 克

**做法**

① 土豆去皮，洗净切丝；青椒、红椒去籽洗净，切丝。

② 锅内添清水烧沸，分别下土豆丝、青红椒丝焯至断生，捞起控水，一起装盘。

③ 将盐、醋、红油、香油调成味汁，浇在土豆丝上拌匀即成。

# 土豆丝粉条

**材料** 土豆、红薯粉各 250 克，芹菜 100 克

**调料** 小尖椒 30 克，香油 10 克，味精、盐各 5 克

**做法**

① 土豆洗净，切丝；芹菜洗净，切段；红薯粉泡发；小尖椒洗净。

② 油锅烧热，先放入小尖椒爆香，再放土豆丝、红薯粉和芹菜滑炒。

③ 炒至将熟时，下盐、味精炒匀，淋上香油装盘即可。

# 香菇烧土豆

材料 土豆 300 克，水发香菇 100 克，青椒、红椒各 50 克

调料 盐 3 克，姜片 20 克，酱油 10 克

做法

① 土豆去皮，洗净切丁；青椒、红椒洗净，去籽切丁。

② 将水发香菇洗净，切块。

③ 油锅烧热，先放入香菇炒香。

④ 接着放入土豆、青椒、红椒、姜片炒熟，调入盐、酱油炒匀，再掺适量水煮至熟即可。

# 葡萄干土豆泥

材料 土豆 200 克，葡萄干 1 小匙

调料 蜂蜜少许

做法

① 把葡萄干放温水中泡软，洗净后切碎。

② 把土豆洗净后去皮，然后放入容器中上锅蒸熟，趁热做成土豆泥。

③ 将土豆泥与碎葡萄干一起放入锅内，加 2 小匙水，放火上用微火煮，待熟时加入蜂蜜。

④ 起锅装盘即可。

# 回锅土豆

材料 土豆 400 克，红椒 50 克，青椒 50 克

调料 盐 2 克，孜然粉、酱油各适量

做法

① 将土豆去皮洗净，切块。

② 锅内注水烧开，把土豆放入锅中蒸至六成熟后，取出。

③ 将青椒、红椒洗净，切块。

④ 净锅上火，倒油加热，放入土豆、青椒、红椒，下入盐、酱油、孜然粉炒熟即可。

# 土豆嫩煎蛋

材料 土豆、西蓝花各 100 克，鸡蛋 2 个

调料 盐 3 克

做法

① 土豆洗净切片，撒适量盐在土豆片上抹匀；西蓝花洗净瓣成小朵。

② 西蓝花下入烧沸的盐水中焯熟后捞出。

③ 锅中油烧热，将土豆片、鸡蛋分别煎熟后摆盘，最后放上西蓝花即可。

# 莲藕

◆**食疗功效**：

1. 补血养颜：莲藕含有丰富的维生素C，故具有滋补、美容养颜的功效，并可改善缺铁性贫血症。

2. 增强免疫力：莲藕富含铁、钙等微量元素，植物蛋白质、维生素以及淀粉含量也很丰富，有增强人体免疫力的作用。

3. 排毒瘦身：莲藕中的植物纤维能刺激肠道，预防便秘，促进有害物质的排出。

◎要挑选外皮呈黄褐色、肉肥厚而白的莲藕。

◎用保鲜膜包好，放入冰箱冷藏室。

**健康提示**
◎由于莲藕性偏凉，故产妇不宜过早食用莲藕。

| 宜 | 莲藕 + 桂圆（补血养颜） |
| | 莲藕 + 莲子（补肺益气） |
| 忌 | 莲藕 + 菊花（腹泻） |
| | 莲藕 + 人参（药效相反） |

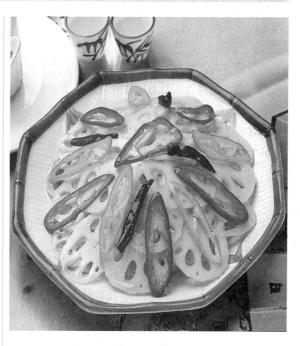

# 桂香藕片

**材料** 莲藕500克，糯米250克，红枣50克

**调料** 红糖50克，白糖30克，桂花蜜30克

**做法**

❶糯米洗净沥干；红枣洗净；莲藕洗净切段，将糯米填入莲藕内，合好，用牙签固定。

❷将酿好的糯米莲藕放入锅中，加红枣和红糖，注入适量水，煮熟捞出，原汁留用；将糯米藕切片，将桂花蜜和少量原汁拌匀，浇于藕片上，撒白糖即可。

# 炝拌莲藕

**材料** 莲藕400克，青椒、甜椒共50克

**调料** 盐4克，白糖、干辣椒各10克，香油适量

**做法**

❶莲藕洗净，去皮，切薄片；青椒、甜椒洗净，斜切圈备用。

❷将准备好的原材料放入开水中稍烫，捞出，沥干水分，放入容器中。

❸加盐、白糖、干辣椒在莲藕上，香油倒在莲藕上，搅拌均匀，装盘即可。

# 橙汁藕条

**材料** 莲藕 400 克，橙汁 50 克

**调料** 果珍粉 30 克

**做法**

① 将莲藕洗净，削去外皮，再切成长条状。

② 锅上火，烧沸适量清水，放入藕条焯烫至断生，捞起，放入盘中。

③ 接着倒入果珍粉，拌匀。

④ 最后倒入橙汁，搅拌均匀即可食用。

# 柠汁莲藕

**材料** 莲藕 500 克，枸杞 25 克，柠檬汁 20 克

**调料** 白糖 25 克，盐，白醋各适量

**做法**

① 莲藕去皮洗净，切薄片，入沸水中焯一下捞出，加盐腌渍片刻；枸杞泡发，洗净。

② 将柠檬汁、白糖、盐、白醋兑成汁，淋入莲藕并浸制 15 分钟。

③ 再入冰箱冷冻 30 分钟取出，撒上枸杞即可。

# 泡椒藕丝

**材料** 鲜藕 500 克

**调料** 红泡椒、盐、红油各适量

**做法**

① 将鲜藕洗净去节，切成长丝；红泡椒切碎末。

② 炒锅注油烧至七成热，下入红泡椒，炒出辣味。

③ 接着放入藕丝炒片刻，加少许水翻炒，再加入盐和红油炒匀，出锅装盘即可。

# 风味藕片

**材料** 莲藕 400 克

**调料** 辣椒酱、盐、香油各适量

**做法**

① 莲藕刮去外皮，洗净，切成厚片。

② 锅中加水、盐、香油烧沸，下入莲藕片焯水至熟，捞出沥干水分装盘。

③ 将辣椒酱用干净的刷子均匀地刷在藕片上即可。

# 蒜薹

◆食疗功效：

1. 降血脂：蒜薹中含有丰富的维生素C，具有降血脂及预防冠心病和动脉硬化的作用。

2. 防癌抗癌：能保护肝脏，诱导肝细胞脱毒酶的活性，可以阻断亚硝胺致癌物质的合成，预防癌症的发生。

3. 排毒瘦身：蒜薹外皮含有丰富的纤维素，可刺激大肠排便，调治便秘，帮助排清身体的毒素，起到瘦体的作用。

选购窍门
◎选购茎部嫩白，尾端不黄、不裂口的为佳。

储存之道
◎放入0℃的低温环境，可以贮藏两个月。

健康提示
◎消化功能不佳的人宜少吃蒜薹。

| 宜 | 蒜薹＋牛肉（降血脂）<br>蒜薹＋木耳（增强免疫力） |
| 忌 | 蒜薹＋蜂蜜（引起腹泻）<br>蒜薹＋狗肉（刺激胃肠黏膜） |

# 蒜薹炒牛肉

材料 牛肉500克，蒜薹250克，红辣椒50克

调料 豆豉30克，花生油、盐、料酒、淀粉各适量

做法

①牛肉洗净切粒；蒜薹洗净切粒；红辣椒洗净切成椒圈。

②牛肉粒放入盐、花生油中腌渍片刻，加淀粉，上浆。

③油锅烧热，下牛肉粒、料酒大火炒熟，放入蒜薹、红辣椒，下豆豉、盐，炒匀盛出。

# 牛柳炒蒜薹

材料 牛柳250克，蒜薹250克，胡萝卜100克

调料 料酒15克，淀粉20克，酱油20克，盐5克

做法

①牛柳肉洗净，切成丝，加入酱油、料酒、淀粉上浆。

②蒜薹洗净切段；胡萝卜洗净切丝。

③锅烧热入油，然后加入牛柳、蒜薹、胡萝卜丝翻炒至熟，加盐炒匀，出锅即可。

# 莴笋

**◆食疗功效：**

1.提高免疫力：莴笋中的维生素A和叶酸对提高机体免疫力有着很好的功效。

2.开胃消食：莴笋中特有的氟元素能改善消化系统，刺激消化液的分泌，能改善因久坐缺乏锻炼引起的食欲不振、消化不良等问题，从而促进食欲。

**健康提示**

◎视力弱者，眼疾、夜盲症患者忌食莴笋。

| 宜 | 莴笋 + 蒜苗（预防高血压） |
| | 莴笋 + 猪蹄（清热解毒） |
| 忌 | 莴笋 + 胡萝卜（营养流失） |
| | 莴笋 + 蜂蜜（腹痛腹泻） |

**选购窍门**

◎宜挑选叶绿、根茎粗壮、无腐烂痕疤的新鲜莴笋。

# 爽口莴笋丝

**材料** 莴笋300克，熟白芝麻20克，香菜60克

**调料** 盐3克，生抽5克，香油6克，醋4克

**做法**

① 莴笋削皮，洗净，切成细丝；香菜洗净，备用。

② 锅倒水烧沸，放入莴笋丝焯烫30秒左右，捞出过冷水沥干后，装盘。

③ 加盐、生抽、香油、醋、熟白芝麻、香菜拌匀后即可。

# 泡莴笋炒沙斑鸡

**材料** 沙斑鸡1只，泡莴笋200克，青、红椒各30克

**调料** 高汤适量，老抽15克，蚝油、红椒丝、葱丝各20克，盐4克

**做法**

① 沙斑鸡洗净，切块，余水；泡莴笋洗净，切条；青、红椒洗净切小块。

② 油锅烧热，放沙斑鸡煸炒，烹入酱油、料酒续炒，加入清水和盐，烧至鸡肉熟烂。

③ 加入莴笋，青、红椒，翻炒均匀即可。

# 芥菜

◆ **食疗功效：**

1. 提神健脑：芥菜含有大量的抗坏血酸，有提神健脑、解除疲劳的作用。

2. 防癌抗癌：芥菜中含有叶酸，能帮助血红蛋白的生成，并能提高血中甲硫胺酸的量，具有防癌作用。

3. 排毒瘦身：芥菜中含有的膳食纤维，可降低肠道 pH，并能稀释进入肠内的毒素，加快毒素的排出。

**选购窍门**

◎要选择叶子质地脆嫩、纤维较少的新鲜芥菜。

**储存之道**

◎用保鲜膜封好置于冰箱中可保存1周左右。

**健康提示**

◎患有痔疮、痔疮便血及眼疾患者忌食芥菜。

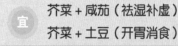

| 宜 | 芥菜 + 咸茄（祛湿补虚） |
| | 芥菜 + 土豆（开胃消食） |
| 忌 | 芥菜 + 鲫鱼（引发水肿） |
| | 芥菜 + 兔肉（伤元气） |

# 芥菜叶拌豆腐皮

**材料** 芥菜叶、豆腐皮各 100 克

**调料** 盐 5 克，白糖 3 克，香油、味精各少许

**做法**

① 将豆腐皮洗净后切成长细丝。

② 将芥菜叶清洗干净，放沸水锅中烫熟即可捞出，沥干，晾凉装盘。

③ 将豆腐皮放在盘内，加入盐、白糖、香油、味精拌匀即可。

# 海苔芥菜

**材料** 芥菜 500 克，海苔片 30 克，油炸花生米 50 克，红椒 40 克

**调料** 盐 3 克

**做法**

① 芥菜洗净切段；红椒洗净切丁。

② 锅置火上，烧开适量清水，放入芥菜焯烫断生，捞起，放碟中。

③ 海苔洗净剪成条，盛碗中。

④ 把花生米、红椒、海苔倒入芥菜中，调入盐拌匀即可。

# 花菜

◆**食疗功效：**

增强免疫力：花菜中维生素C含量极高，不但有利于人的生长发育，更重要的是能提高人体免疫功能，促进肝脏解毒，增强人的体质，增加抗病能力。

**选购窍门**

◎宜选购花球大、紧实、色泽好、花茎脆嫩的花菜。

**储存之道**

◎花菜是人们日常饮食中必不可少的食物之一。将其用保鲜膜封好置于冰箱中可保存1周左右。

**健康提示**

◎红斑狼疮患者忌食花菜。

宜 花菜＋西红柿（健胃消食）

忌 花菜＋黄瓜（损失营养）

# 花菜炒西红柿

**材料** 花菜250克，西红柿200克

**调料** 香菜10克，鸡精、盐各适量

**做法**

①花菜去除根部，切成小朵，洗净，焯水，捞出沥干水；香菜洗净切段。

②西红柿洗净切丁。

③起油锅，将花菜和西红柿丁放入锅中，待熟后再调入盐、鸡精翻炒均匀，盛盘，撒上香菜段即可。

# 瓦片花菜

**材料** 花菜500克

**调料** 红辣椒、葱、酱油各20克，盐、味精各5克

**做法**

①花菜洗净切块，焯水后沥干。

②葱洗净，切成葱花；红辣椒洗净切粒。

③锅烧热放油，油烧热时加红辣椒和葱花爆香，然后放进花菜炒熟，放酱油、盐、味精炒匀，装在烧热的瓦片上即可。

# 西蓝花

◆**食疗功效:**

防癌抗癌: 西蓝花不但能给人补充一定量的硒和维生素C，同时也能供给丰富的胡萝卜素，可以起到阻止癌前病变细胞形成的作用，抑制癌肿生长。

**选购窍门**

◎选购西蓝花以菜株亮丽、花蕾紧密结实的为佳。

**储存之道**

◎用纸张或透气膜包住西蓝花，然后放入冰箱，可保鲜1周左右。

**健康提示**

◎西蓝花食后极易消化吸收，适宜于中老年人、小孩和脾胃虚弱、消化功能不强者食用。

宜　西蓝花 + 西红柿（预防心血管疾病）

忌　西蓝花 + 牛奶（影响钙吸收）

# 四宝西蓝花

**材料** 西蓝花400克，滑子菇、蟹柳、虾仁、鸣门卷各适量

**调料** 盐、淀粉各适量

**做法**

❶西蓝花洗净，掰成朵，焯水后沥干；蟹柳切段；鸣门卷切片；虾仁、滑子菇洗净。

❷油锅烧热，下西蓝花、滑子菇、蟹柳、鸣门卷和虾仁同炒，加盐、少许清水炒熟，以淀粉勾芡，出锅装盘即成。

# 西红柿炒西蓝花

**材料** 西红柿100克，西蓝花300克

**调料** 红油20克，香油10克，盐、味精各5克

**做法**

❶西蓝花、西红柿均洗净，切块。

❷锅中加水烧沸，下入西蓝花焯至熟，捞出沥水。

❸锅烧热加油，放进西蓝花和西红柿滑炒，炒至将熟时，下红油、盐、味精炒匀，浇上香油装盘即可。

# 滑子菇炒西蓝花

**材料** 西蓝花 100 克，滑子菇 40 克，水发木耳、红椒片各少许

**调料** 盐、鸡精、水淀粉、食用油各适量

**制作指导** 在沸水锅中加入少许小苏打拌匀，再放入食材焯煮，可以缩短焯水的时间。

## 食材处理

## 制作步骤

❶ 洗净的滑子菇切成段。

❷ 洗好的木耳切成小朵。

❸ 锅中注水，加入盐、食用油，拌煮至沸。

❶ 锅注油倒入西蓝花、滑子菇、木耳翻炒均匀。

❷ 倒入红椒片，翻炒至熟。

❸ 加入盐、鸡精，炒至入味。

❹ 倒入已洗净切好的西蓝花、滑子菇、木耳。

❺ 焯煮至熟，捞出沥干水。

❹ 加少许水淀粉。

❺ 翻炒均匀。

❻ 起锅，盛入盘中即成。

❻ 装入盘中备用。

# 韭菜

◆**食疗功效：**

1.**降低血压：**韭菜有降血脂及扩张血脉的作用,能降低血压。

2.**排毒瘦身：**韭菜的膳食纤维能够增加肠道蠕动,帮助改善便秘、面色晦暗等问题。

**选购窍门**

◎春季的韭菜品质最好,夏季的最差。要选择嫩叶韭菜为宜。

**储存之道**

◎韭菜不宜保存,最好即买即食。

**健康提示**

◎眼疾、胃病患者不宜食用韭菜。

| 宜 | 韭菜 + 虾仁（滋补阳气） |
|---|---|
| 忌 | 韭菜 + 菠菜（引起腹泻） |

# 擂辣椒炒韭菜

**材料** 红尖椒 150 克,韭菜 100 克

**调料** 蒜蓉、盐、鸡精、香油各适量

**做法**

❶韭菜择洗净,切段。

❷辣椒洗净,入锅中蒸熟后,取出放入钵中擂烂,加入蒜蓉及适量盐擂均匀,即成擂辣椒。

❸锅中加油烧热,下入韭菜及香油、盐炒至熟,倒入擂辣椒翻炒均匀,入鸡精调味即可。

# 韭菜锅巴

**材料** 锅巴、韭菜各 200 克,红辣椒丝 50 克

**调料** 酱油 10 克,盐 5 克,干辣椒 30 克

**做法**

❶锅巴掰成小片;韭菜洗净,切段;干辣椒洗净切小段。

❷油锅烧热,放入锅巴,炸至金黄色时捞出来,备用。

❸另起锅放油烧热,加入干辣椒、红椒丝煸炒出香味,再倒入韭菜、锅巴、酱油、盐翻炒,加少许水至韭菜炒熟即可。

# 韭菜炒香干

**材料** 韭菜 150 克，香干 120 克，干红椒少许

**调料** 姜片、盐、鸡精、酱油、香油各适量

**做法**

① 香干洗净，切条待用；韭菜洗净，切小段。

② 炒锅上火，加油烧热，倒入香干，加酱油、盐，炒出香味后捞出沥干油，将底油烧热，放入姜片、干红椒，爆出香味，再放入韭菜，炒至熟，倒入香干。

③ 再炒 30 秒，放入盐、鸡精、香油炒匀即可。

# 韭菜煎鸡蛋

**材料** 鸡蛋 4 个，韭菜 150 克

**调料** 盐、味精各 3 克

**做法**

① 韭菜洗净，切成碎末备用。

② 鸡蛋打入碗中，搅散，加入韭菜末、盐、味精搅匀备用。

③ 锅置火上，注入油烧热，将备好的鸡蛋液入锅中煎至两面金黄即可。

# 韭菜酸豆角炒鸽胗

**材料** 韭菜 100 克，酸豆角 80 克，鸽胗 150 克，熟花生米 50 克，红辣椒 30 克

**调料** 辣椒油、生抽各 15 克，盐 3 克，味精 5 克

**做法**

① 韭菜、酸豆角洗净，切段；鸽胗洗净，切块；熟花生米捣碎。

② 油烧热，放鸽胗炒至八成熟，放入韭菜、酸豆角、红辣椒炒 2 分钟，放入辣椒油、生抽、盐、味精炒香即可。

# 西葫芦

◆**食疗功效：**

1. 保肝护肾：西葫芦中含有瓜氨酸、腺嘌呤、天门冬氨酸、巴碱等物质，具有促进人体内胰岛素分泌的作用，可预防肝、肾病变，有助于肝、肾功能衰弱者增强肝肾细胞的再生能力。

2. 增强免疫：西葫芦含有一种干扰素的诱生剂，可刺激机体产生干扰素，提高免疫力。

**选购窍门**

◎要选择表皮无破损、无虫蛀、果实饱满的新鲜西葫芦。

**储存之道**

◎西葫芦存放时间过长会影响口感，建议现买现食。

**健康提示**

◎脾胃虚寒的人应少吃西葫芦。

 西葫芦 + 洋葱（增强免疫）
西葫芦 + 鸡蛋（补充蛋白质）

 西葫芦 + 黄瓜（影响营养吸收）

# 蒜蓉蒸西葫芦

**材料** 西葫芦 250 克

**调料** 蒜、红油各 20 克，干辣椒 30 克，盐、味精各 5 克

**做法**

❶西葫芦洗净，切片，放开水中焯熟，装盘待用；蒜去皮，剁成蒜蓉；干辣椒洗净剁碎。

❷锅烧热加油，然后放进蒜蓉和辣椒碎爆香，下盐、味精炒匀，淋入红油，起锅浇在西葫芦上，再上锅蒸熟即可。

# 泡椒炒西葫芦丝

**材料** 西葫芦 400 克，泡椒 10 克

**调料** 盐 3 克

**做法**

❶西葫芦洗净，切成细丝；泡椒洗净切丝。

❷锅中倒油烧热，下入西葫芦丝炒熟。

❸将加盐和泡椒丝炒匀入味即可。

# 山药

◎以洁净、无畸形或分枝、根须少的为佳。

储存之道
◎将山药置于阴凉通风处可保存1周左右。

健康提示
◎大便燥结者不宜食山药，糖尿病患者不可过量食用山药。

◆食疗功效：

1. 增强免疫力：山药中含有的薯蓣皂素，是人体制造激素的主要成分之一，是合成女性荷尔蒙的先驱物质，能提升免疫力，预防衰老。

2. 保肝护肾：山药含有多种营养素，有强健机体、滋肾益精的作用。

3. 防癌抗癌：山药具有诱生干扰素，有抑制肿瘤细胞增殖的功效。

 宜　山药＋绿豆（稳定血糖）
　　山药＋鲫鱼（补虚养肾）

 忌　山药＋茶（容易发生肠胃不适）
　　山药＋山楂（容易发生便秘）

# ▌凉拌山药丝

**材料** 山药500克，木耳（水发）10克

**调料** 姜丝9克，葱丝9克，白糖、醋、香油、盐各适量

**做法**

❶山药去皮洗净，切成细丝；木耳洗净切丝。

❷锅注水烧开，焯山药、木耳至熟透，捞起沥水；将葱丝、姜丝和木耳、山药拌匀加白糖、醋、香油、盐拌匀即可。

# ▌蓝莓山药

**材料** 山药250克

**调料** 蓝莓酱适量

**做法**

❶山药去皮洗净，切条，入开水中煮熟，然后放在冰开水里冷却后摆盘。

❷将蓝莓酱均匀淋在山药上即可。

# 梅子拌山药

材料 山药 300 克，西梅 20 克，话梅 15 克

调料 白糖、盐各适量

做法

❶山药去皮，洗净，切长条，放入沸水中煮至断生，捞出沥干水后码入盘中。

❷锅中放入西梅、话梅、白糖和适量盐，熬至汁稠为止。

❸汁放凉后浇在码好的山药上即可。

# 黄瓜炒山药

材料 黄瓜、山药各 250 克

调料 红辣椒 50 克，生抽 10 克，盐、味精各 5 克

做法

❶黄瓜洗净去皮，切成长条；山药洗净去皮，切成长条；红辣椒洗净，切成长条。

❷锅烧热放油，油烧热时加红辣椒炒香，放入山药、黄瓜，放入生抽和盐，大火煸炒。

❸炒熟后放入味精，装盘即可。

# 拔丝山药

材料 山药 500 克，芝麻 10 克

调料 白糖 150 克，淀粉 50 克

做法

❶山药洗净，上笼蒸熟去皮，切块，再改刀成条，撒上淀粉。

❷油烧热，入山药炸至呈金黄色，捞起沥油。

❸炒锅下清水、白糖，加热至白糖溶化成浆液，烧至黏性起丝，撒入芝麻，投入山药，迅速翻炒，起锅装盘，食时山药会拉出糖丝，即成"拔丝山药"。

# 山药枸杞牛肉汤

材料 山药 600 克，枸杞 10 克，牛腱肉 500 克

调料 盐 6 克

做法

❶牛肉切块，洗净，氽烫后捞出，再用水冲净。

❷山药削皮，洗净切块。

❸牛肉放入锅中，加 7 碗水以大火煮开，转小火慢炖 1 小时。

❹锅中加入山药、枸杞续煮 10 分钟，加盐调味即成。

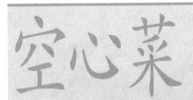

◎要选择水分充足的新鲜空心菜。

储存之道

◎空心菜用保鲜膜封好置于冰箱中可保存1周左右。

◆食疗功效：

1. 促进消化：空心菜中粗纤维的含量较丰富，这种食用纤维是由纤维素、半纤维素、木质素、胶浆及果胶等组成，具有促进肠蠕动、通便解毒的作用。

2. 防癌抗癌：空心菜是碱性食物，食后可降低肠道的酸度，预防肠道内的细菌群失调，对防癌有益。

健康提示

◎体质虚弱者不宜多食空心菜。

 宜　空心菜 + 尖椒（开胃助食）
空心菜 + 猪肉（增强免疫）

 忌　空心菜 + 乳酪（降低营养价值）
空心菜 + 酸奶（影响钙质吸收）

# 拌空心菜

**材料** 空心菜 400 克，红辣椒、蒜各适量

**调料** 盐 2 克，香油 5 克，红油 8 克，醋 10 克

**做法**

❶空心菜洗净；红辣椒洗净，切段；蒜洗净，切成碎末。

❷锅内注水，置于火上煮沸时，放入空心菜焯熟，捞出装入盘中。

❸向盘中加入盐、香油、红油、醋、红辣椒、蒜末拌匀即可。

# 干锅空心菜梗

**材料** 空心菜梗 350 克，干辣椒 50 克

**调料** 盐 2 克，豆豉 4 克，蒜蓉、味精各适量

**做法**

❶空心菜去叶留梗，洗净切段；干辣椒洗净，切小段。

❷起油锅，下干辣椒、蒜蓉、豆豉炒香，再倒入空心菜梗，用大火煸炒。

❸炒至熟时调入盐和味精，盛在干锅里即可。

# 茄子

◆**食疗功效**：

1. 防癌抗癌：茄子中所特有的防癌成分龙葵碱，能抑制消化系统肿瘤细胞的增殖，从而达到防癌的效果。

2. 降低血压：茄子中的维生素P能增强人体细胞间的黏着力，降低胆固醇，有降低高血压、防止微血管破裂的特殊功能。

3. 增强免疫力：茄子含有丰富的营养成分，常吃可以增强人体的免疫力。

**选购窍门**

◎新鲜的茄子为深紫色，有光泽，柄未干枯。

**储存之道**

◎用保鲜膜封好置于冰箱中可保存1周左右。

**健康提示**

◎肺结核患者、关节炎病人、体弱胃寒的人忌食茄子。

| 宜 | 茄子＋青椒（清火祛毒） |
| | 茄子＋豆腐（增强营养） |
| 忌 | 茄子＋蟹（导致腹泻） |
| | 茄子＋墨鱼（损肠胃） |

# 蒜香茄子

**材料** 茄子500克，蒜30克

**调料** 生抽10克，醋15克，香油8克

**做法**

1. 茄子去蒂，洗净，切条，用盐水浸泡去涩味；蒜去皮，剁蓉。

2. 将切好的茄子放入微波炉中，加盖高火烹调8分钟，取出装盘。

3. 淋上生抽、醋、香油，再撒上蒜蓉即可。

# 长豆角炒茄子

**材料** 长豆角、茄子各250克

**调料** 生抽30克，辣椒酱10克，味精、盐各5克

**做法**

1. 长豆角、茄子分别洗净，长豆角切粒，茄子切丁。

2. 炒锅下油烧热，放入长豆角、茄子炒至半熟，下生抽、辣椒酱、盐，用大火煸炒。

3. 待豆角、茄子熟后，熄火，下味精，炒匀装盘即可。

# 竹笋

◆ **食疗功效：**

1. 排毒养颜：竹笋的植物纤维可以增加肠道水分的驻留量，促进胃肠蠕动，降低肠内压力，减少粪便黏度，使粪便变软，易于排出，促进代谢，有利于排毒。

2. 增强免疫力：竹笋中植物蛋白、维生素及微量元素的含量均很高，有助于增强机体的免疫功能，提高防病抗病能力。

**选购窍门**

◎选购竹笋首先看色泽，具有光泽的为上品。

**储存之道**

◎竹笋在低温条件下可保存 1 周左右。

**健康提示**

◎肥胖和习惯性便秘的人尤其适宜食用竹笋。

| 宜 | 竹笋 + 鸡肉（益气补精） |
| | 竹笋 + 粳米（润肠排毒） |
| 忌 | 竹笋 + 鹧鸪肉（发生头痛） |
| | 竹笋 + 羊肝（易生结石） |

# 香菜拌竹笋

**材料** 竹笋 300 克，香菜 80 克

**调料** 剁椒 15 克，盐 2 克，醋、香油各适量

**做法**

1️⃣ 竹笋洗净，切条；香菜洗净，切段。

2️⃣ 将竹笋下入沸水锅中焯熟，捞出沥干装盘。

3️⃣ 放入香菜段，加盐、醋、香油、剁椒拌匀即可。

# 清炒竹笋

**材料** 竹笋 250 克

**调料** 葱段、姜丝、盐、味精各适量

**做法**

1️⃣ 竹笋剥去皮，除去老的部分，洗净后对半切开备用。

2️⃣ 油锅烧热，放葱、姜入锅煸香。

3️⃣ 然后将竹笋、盐放入锅内，翻炒至笋熟时，加味精炒匀，起锅装盘即可。

# 芦笋

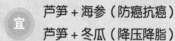
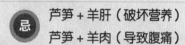
◆**食疗功效：**

1. 降血脂：芦笋中含有丰富的维生素C，具有降血脂及预防冠心病和动脉硬化的作用。

2. 防癌抗癌：能保护肝脏，诱导肝细胞脱毒酶的活性，可以阻断亚硝胺致癌物质的合成，预防癌症的发生。

3. 排毒瘦身：芦笋外皮含有丰富的纤维素，可刺激大肠排便，调治便秘，帮助排清身体的毒素，起到瘦体的作用。

**健康提示**

◎患了痛风和糖尿病后不宜多食芦笋。

| 宜 | 芦笋 + 海参（防癌抗癌）<br>芦笋 + 冬瓜（降压降脂） |
| --- | --- |
| 忌 | 芦笋 + 羊肝（破坏营养）<br>芦笋 + 羊肉（导致腹痛） |

# 凉拌芦笋

**材料** 芦笋 300 克，金针菇 200 克，红椒少许

**调料** 盐 2 克，醋、酱油、香油、葱各适量

**做法**

❶芦笋洗净，对半切段；金针菇洗净；红椒、葱洗净切丝。

❷芦笋、金针菇入沸水中焯熟，摆盘，撒入红椒丝和葱丝。

❸净锅加适量水烧沸，倒入酱油、醋、香油、盐调匀，淋入盘中即可。

# 芦笋百合炒瓜果

**材料** 无花果、百合各 100 克，芦笋、冬瓜各 200 克

**调料** 香油、盐、味精各适量

**做法**

❶芦笋洗净切斜段，下入开水锅内焯熟，捞出控水备用。

❷鲜百合洗净瓣片；冬瓜洗净切片；无花果洗净。

❸油锅烧热，放芦笋、冬瓜煸炒，下入百合、无花果炒片刻，下盐、味精调味，淋入香油即可装盘。

# 三鲜扒芦笋

**材料** 芦笋 200 克，鲜香菇 40 克，虾仁 60 克，金华火腿 20 克，姜片、胡萝卜片、葱白各少许

**调料** 盐 6 克，料酒 3 毫升，水淀粉 10 毫升，味精 6 克，鸡粉 3 克，食用油适量

**制作指导** 炒制香菇的时间不能太长，以免影响其口感。

## 食材处理

① 把洗净的芦笋切下笋尖，去嫩茎，切 2 厘米长段。

② 洗净的鲜香菇切片，金华火腿切成片。

③ 虾仁洗净背部切开，去掉虾线。

④ 虾仁装入碗中，加盐、味精拌匀。

⑤ 加水淀粉拌匀，加食用油，腌渍 5 分钟。

⑥ 锅中加约 800 毫升清水，加少许食用油、盐。

⑦ 倒入切好的芦笋。

⑧ 煮沸后捞出备用。

⑨ 倒入切好的香菇。

⑩ 煮沸后捞出。

⑪ 倒入处理好的虾仁，拌匀。

⑫ 变色后捞出。

## 制作步骤

① 热锅注油，烧至四成熟，倒入火腿片、虾仁。

② 滑油片刻捞出。

③ 锅底留油，倒入姜片、胡萝卜片、葱白。

④ 再加入煮过的香菇炒香。

⑤ 倒入焯水后的芦笋。

⑥ 加入滑油后的虾仁和火腿肉，淋入少许料酒。

⑦ 再加盐、味精、鸡粉炒匀调味。

⑧ 加水淀粉勾芡。

⑨ 加少许熟油炒匀。

⑩ 将笋尖摆入盘中。

⑪ 盛入炒好的材料即成。

# 第 3 部分

# 强身健体
# 养生畜肉菜

畜 肉类食物包括猪肉、牛肉、羊肉等，含有丰富的蛋白质、脂肪和矿物质元素。猪肉具有补虚强身、滋阴润燥、丰肌润肤的作用；凡病后体弱、产后血虚者，皆可用其作滋补之品。牛肉蛋白质含量高，脂肪含量低，味道鲜美，有利于防止肥胖，预防动脉硬化、高血压和冠心病。羊肉则历来被当作冬季进补的重要食品之一，寒冬常吃羊肉，可促进血液循环，增强御寒能力。

# 猪肉

◆**食疗功效**：

1. 补血养颜：猪肉中含有的半胱氨酸能促进铁的吸收，改善缺铁性贫血。

2. 保肝护肾：猪肉中的蛋白质对肝脏组织具有很好的保护作用，可以保肝护肾。

3. 增强免疫力：猪肉中含有的锌能促进身体、智力和视力的发育，提高身体的免疫力。

 **选购窍门**

◎鲜猪肉的表面微干或湿润，不黏手，气味正常。

 **储存之道**

◎猪肉洗净，用保鲜膜包好，贮入冰箱冷藏柜。

**健康提示**

◎肥胖、高血脂、心血管疾病患者不宜多吃猪肉。

| 宜 | 猪肉 + 大蒜（多种功效） |
| | 猪肉 + 山药（补肺益气） |
| 忌 | 猪肉 + 菠菜（影响营养吸收） |
| | 猪肉 + 茶（导致便秘） |

# 四川熏肉

**材料** 猪肋条肉 100 克，葱段、姜末各少许

**调料** 茶叶、盐、料酒、柏树枝各适量

**做法**

① 猪肋条洗净，用盐、葱段、料酒腌渍半小时。

② 锅烧热，下腌肉、姜末及适量清水，烧开，焖煮至熟。

③ 再加入洗好的柏树枝、茶叶，小火温熏，待肉上色后，捞出晾凉，切片，装盘即可。

# 川味酱肉

**材料** 五花肉 500 克

**调料** 盐、酱油、姜片、料酒、白糖、味精、八角、花椒、桂皮、茴香、红油各适量

**做法**

① 五花肉洗净，切片，用盐腌渍一天，洗净盐水，沥水。

② 用酱油浸没咸肉，再加姜片、料酒、白糖、味精、茴香、花椒、桂皮、八角。

③ 腌渍一天后取出，蒸熟，摆盘，淋上红油即可。

# 榨菜肉丝

**材料** 榨菜 100 克，猪肉 300 克，蒜苗 15 克

**调料** 盐 3 克，酱油 10 克，红辣椒 5 克

**做法**

①猪肉洗净，切成丝；红辣椒洗净，切成丝；蒜苗洗净，切段。

②炒锅置于火上，注油烧热，放入肉丝爆炒，再加入榨菜丝、蒜苗段、红辣椒炒熟。

③加盐、酱油调味，装盘即可。

# 芹菜肉丝

**材料** 猪肉、芹菜各 200 克，红椒 15 克

**调料** 盐 3 克，鸡精 2 克

**做法**

①猪肉洗净，切丝；芹菜洗净，切段；红椒去蒂洗净，切圈。

②锅下油烧热，放入肉丝略炒片刻，再放入红椒、芹菜，加盐、鸡精调味，炒熟装盘即可。

# 滑炒里脊丝

**材料** 里脊肉 500 克，木耳 20 克，榨菜丝 10 克

**调料** 盐 3 克，生抽、醋、料酒、葱段各适量

**做法**

①里脊肉洗净，切丝，用盐、料酒腌渍后备用；木耳洗净，切丝；榨菜丝稍微冲洗一下，去掉咸味。

②炒锅内注入植物油烧热，放入腌制好的肉丝炒至发白后，再加入木耳、榨菜丝、盐、生抽、料酒、醋翻炒。

③加清水，煮至沸，起锅装盘，撒上葱段即可。

# 大头菜炒肉丁

**材料** 瘦肉 200 克，大头菜、青椒、红椒各 50 克

**调料** 辣椒酱 20 克，香油 10 克，盐 3 克

**做法**

①大头菜去皮，洗净，切丁；瘦肉洗净，切丁；青、红椒均洗净，切成圈。

②油锅烧热，下入肉丁爆炒，再加入辣椒酱、大头菜丁和青、红椒煸炒。

③待材料均熟时，放入盐拌匀，淋上香油即可。

# 八宝酱丁

**材料** 土豆、猪肉、虾仁、豌豆、玉米各适量

**调料** 盐、水淀粉、豆瓣酱、红椒片、豌豆各适量

**做法**

1 土豆洗净去皮切丁；猪肉洗净切块；豌豆、玉米粒洗净；虾仁用水淀粉上浆。

2 油烧热，下豆瓣酱、土豆、猪肉、红椒片炒香，加水烧沸，入盘。

3 虾仁滑油至熟，豌豆、玉米焯水至熟，盖在盘中即成。

# 蒜苗小炒肉

**材料** 五花肉 500 克，蒜苗、青椒、红椒各 100 克

**调料** 盐 3 克，酱油 15 克，料酒 10 克，味精 4 克

**做法**

1 五花肉洗净，切成片；蒜苗洗净，切成段；青椒、红椒洗净，切片。

2 炒锅置于火上，注油烧热后放入肉片翻炒至肉片呈黄色，加入盐、酱油、料酒、蒜苗、青椒、红椒翻炒。

3 至汤汁快干时，加入味精调味，装盘即可。

# 豆香炒肉皮

**材料** 黄豆 150 克，肉皮 200 克，青、红椒各 20 克

**调料** 干红椒段 10 克，盐 5 克，酱油 8 克

**做法**

1 猪肉皮刮洗净，入锅中煮熟，捞出切成条状；青、红椒洗净切片。

2 黄豆泡发，洗净，再入锅中煮熟后，捞出待凉。

3 锅中加油烧热，下入干红椒段炝香，接着放入青、红椒，再下入猪肉皮、黄豆翻炒，倒入酱油及少许清水，焖炒至水分全干时加盐即可。

# 豆豉炒油渣

**材料** 肥肉 400 克，青椒、豆豉、蒜苗各 10 克

**调料** 盐 4 克，味精、鸡精各 2 克，陈醋 10 克

**做法**

1 青椒洗净，去蒂去籽后切碎；蒜苗洗净切碎。

2 肥肉洗净切片，放入锅中炸出油，去油即为油渣。

3 起油锅，炒香青椒碎、豆豉，放入油渣，调入盐、味精、鸡精、陈醋，放入蒜苗炒入味即可。

# 咕噜肉

**材料** 猪肉 300 克，洋葱片、青椒片、红椒片各 40 克

**调料** 番茄酱 50 克，盐、蛋清各适量，胡椒粉 3 克

**做法**

① 猪肉洗净切块，用盐、蛋清、胡椒粉腌渍入味。

② 将猪肉入热油锅炸熟捞起。

③ 起油锅，放洋葱、青椒片、红椒片同炒，加番茄酱和水煮至黏稠，放肉块炒匀即可。

# 瘦肉土豆条

**材料** 猪瘦肉、土豆各 200 克

**调料** 盐淀粉 30 克，盐、味精各 3 克，酱油 10 克

**做法**

① 瘦肉洗净，切成薄片；土豆去皮洗净，切成长条。

② 在每一个土豆条上，裹上一片瘦肉，连接处用湿淀粉粘住，下入油锅中炸至金黄色，捞出沥油。

③ 油锅烧热，将酱油、盐、味精炒匀，淋在土豆条上即可。

# 焦熘肉片

**材料** 猪瘦肉 250 克

**调料** 姜汁、酱油、盐、醋、面粉各适量，熟芝麻、水淀粉各 10 克

**做法**

① 猪瘦肉洗净切片，用面粉挂糊；将姜汁、酱油、醋、水淀粉调成芡汁。

② 将油锅烧热，下入肉片炸至外焦里嫩，捞出。

③ 锅上火，倒入调好的芡汁炒熟，放入肉片，颠翻几下，使肉挂芡汁，撒上熟芝麻即成。

# 酸甜里脊

**材料** 猪里脊 300 克，蛋清、水淀粉各 50 克

**调料** 酱油 5 克，白糖 100 克，醋 75 克，香油 10 克，盐各 2 克

**做法**

① 猪里脊洗净切条，加蛋清、水淀粉、盐搅匀，入油锅中炸熟，捞出备用；将盐、白糖、醋、水淀粉调成糖醋汁。

② 油烧热，下里脊条，倒入糖醋汁炒匀，淋上香油即可。

# 缤纷孜然猪爽肉

**材料** 猪肉200克，彩椒丝100克

**调料** 盐2克，味精1克，孜然粉4克，蒜末、姜末各5克，胡椒粉、蛋清、料酒各适量

**做法**

① 猪肉洗净切片，用胡椒粉、料酒腌渍15分钟，再以蛋清上浆。

② 锅内放油烧热，下蒜末、姜末爆香，放猪肉和孜然粉，用大火炒至断生。

③ 加彩椒翻炒，调入盐、味精炒匀即可。

# 干豆角蒸五花肉

**材料** 干豆角100克，五花肉300克，葱花15克

**调料** 辣椒粉10克，盐3克，蚝油适量

**做法**

① 五花肉洗净，切厚片，用盐和蚝油抓匀备用；干豆角用凉水稍泡，然后捞出切长段。

② 油锅烧热，下干豆角炒香，撒辣椒粉拌匀盛入碗里，再将码好味的猪肉盖到干豆角上，淋适量水。

③ 将碗放入蒸锅中隔水蒸半小时，出锅撒上葱花即可。

# 大白菜包肉

**材料** 大白菜300克，猪肉馅150克

**调料** 盐3克，酱油6克，花椒粉4克，香油、葱花、姜末、淀粉各适量

**做法**

① 大白菜洗净。

② 猪肉馅加上葱花、姜末、盐、酱油、花椒粉、淀粉搅拌均匀，将调好的肉馅放在白菜叶中间，包成长方形。

③ 将包好的肉放入盘中，入蒸锅用大火蒸10分钟至熟，取出淋上香油即可食用。

# 五花肉烧面筋

**材料** 猪五花肉 250 克，蒜苗 25 克，面筋 150 克

**调料** 红尖椒 15 克，盐 3 克，酱油 5 克

**做法**

① 猪五花肉洗净切片；面筋冲净，切薄片；蒜苗洗净切段；红尖椒洗净切圈。

② 锅中加油烧热，下五花肉片炒至吐油，再下蒜苗、红尖椒，放少许盐炒匀，再倒入面筋、酱油及适量清水，烧至水分全干时，加盐调味即可。

# 红烧狮子头

**材料** 五花肉 500 克，生菜 100 克，蛋清 100 克

**调料** 酱油、白糖、盐、料酒、淀粉各适量

**做法**

① 生菜洗净，沥干摆盘；五花肉洗净，剁泥，加盐、料酒、白糖、蛋清和淀粉拌成肉丸。

② 油锅烧热，放肉丸炸香，捞出。

③ 锅留油烧热，再将炸好的肉丸倒入，加酱油、料酒、清水同烧，焖煮熟透，用水淀粉勾芡，盛盘即可。

# 榨菜蒸肉

**材料** 猪绞肉 300 克，竹笋、榨菜、香菇各 30 克

**调料** 盐、酱油、料酒、胡椒粉、淀粉各适量

**做法**

① 竹笋、榨菜洗净切丁；香菇洗净切末。

② 猪绞肉用酱油、料酒、盐、胡椒粉、淀粉拌匀，再加入香菇、竹笋、榨菜拌匀，放入碗中，入蒸锅蒸熟后取出，倒扣在盘中即可。

# 南瓜粉蒸肉

**材料** 猪肉 400 克，南瓜 200 克，蒸肉粉 100 克

**调料** 葱花 30 克，红油、料酒各 15 克，甜面酱、豆瓣酱各 20 克，白糖、蒜末、盐各适量

**做法**

① 猪肉洗净，切片；先将除葱花外的所有调味料加清水调匀，再将猪肉放入腌半小时。

② 南瓜去皮，洗净切片，铺在蒸碗内围边。

③ 将蒸肉粉拌入猪肉中，铺蒸碗中，入锅蒸半小时，将葱花撒在粉蒸肉上即可。

# 虎皮蛋烧肉

**材料** 五花肉 400 克，熟鹌鹑蛋 20 个

**调料** 盐、酱油、胡椒粉、水淀粉各适量

**做法**

① 五花肉洗净，入锅煮熟后切成块。

② 油烧热时下入鹌鹑蛋，炸至金黄色捞出。

③ 锅留油，下五花肉块、盐、酱油、胡椒粉，炒至五花肉皮糯，下入熟鹌鹑蛋翻烧，以水淀粉勾芡即成。

# 板栗红烧肉

**材料** 板栗 250 克，猪五花肉 300 克

**调料** 酱油、料酒、盐、葱段、姜片各适量

**做法**

① 五花肉洗净切块，汆水后捞出沥干；板栗煮熟，去壳取肉。

② 油锅烧热，投入姜片、葱段爆香，放肉块，烹入料酒煸炒，再加入酱油、盐、清水烧沸，撇去浮沫，炖至肉块酥烂，倒入板栗，待汤汁浓稠，装盘即可。

# 金城宝塔肉

**材料** 五花肉 500 克，芽菜 300 克，西蓝花 50 克，荷叶饼 6 张

**调料** 老酱汤适量，淀粉 10 克

**做法**

① 五花肉洗净，入老酱汤中煮至七成熟捞出；西蓝花洗净，焯水待用；芽菜洗净。

② 五花肉用滚刀法切成片，放入碗中，放上芽菜，淋上老酱汤，入蒸笼蒸 2 小时。

③ 肉扣在盘中，用西蓝花围边，原汁用淀粉勾芡，淋在盘中，与荷叶饼一同上桌即可。

# 珍珠圆子

**材料** 五花肉 400 克，糯米 50 克，马蹄 50 克，鸡蛋 2 个

**调料** 盐 5 克，味精 2 克，绍酒 10 克，姜 1 块，葱 15 克

**做法**

❶ 糯米洗净，用温水泡 2 小时，沥干水分；五花肉洗净剁成蓉；马蹄去皮洗净，切末；葱、姜洗净切末。

❷ 肉蓉加上盐、味精、绍酒、鸡蛋液一起搅拌，再挤成直径约 3 厘米的肉圆，依次蘸上糯米。

❸ 将糯米圆子放入笼中，蒸约 10 分钟取出装盘即可。

# 家常红烧肉

**材料** 五花肉 300 克，蒜苗 50 克

**调料** 盐、醋、干辣椒段、姜片、蒜段各适量

**做法**

❶ 五花肉洗净切块；蒜苗洗净切段。

❷ 五花肉块放入锅中煸炒出油，加醋、干椒段、姜片、蒜和适量水煮开。

❸ 盛入砂锅中炖至收汁，放蒜苗，加盐调味即可。

# 芥菜干蒸肉

**材料** 五花肉 500 克，芥菜干 60 克

**调料** 酱油 25 克，味精 2 克，桂皮 3 克，白糖 20 克，黄酒 10 克，八角 3 克

**做法**

❶ 五花肉洗净切小块，氽水，用清水洗净；芥菜干洗净挤干水分，切成小段。

❷ 锅中放入清水、酱油、黄酒、桂皮、八角，放入肉块煮至八成熟，再加白糖和芥菜干，中火煮约 5 分钟，拣去八角、桂皮，加入味精。

❸ 取扣碗 1 只，放芥菜垫底，将肉块皮朝下整齐地排放于上面，上笼蒸约 2 小时后取出，扣于盘中即成。

# 同安封肉

**材料** 腿肉三层肉 100 克，香菇 5 朵，虾仁 10 克，干贝 10 克，鱿鱼丝 10 克

**调料** 白糖、酱油、排骨酱、盐、味精、冰糖、高汤各适量

**做法**

❶ 将三层肉切成方正块，再刻上十字花刀；香菇、虾仁、干贝、鱿鱼丝洗净。

❷ 锅下油烧热，放入肉块炸至微黄起锅；将盐、白糖、酱油、排骨酱、味精、冰糖、高汤调成卤汁，放入炸好的肉块卤至入味，备用。

❸ 在圆盆里放入香菇、虾仁、干贝、鱿鱼丝等，再将卤好的肉扣在上面，上蒸笼蒸至酥烂即可。

# 猪排骨

**选购窍门**

◎应挑选富有弹性、肉呈红色的新鲜猪排骨。

**储存之道**

◎新鲜猪排骨洗净，包好保鲜膜，贮入冰箱冷藏。

**健康提示**

◎湿热痰滞内蕴者及肥胖、高血脂者不宜多食猪排骨。

◆**食疗功效：**

1. 增强免疫力：排骨除含蛋白、脂肪、维生素外，还含有大量磷酸钙、骨胶原、骨黏蛋白等，可增强免疫力。

2. 补血养颜：猪排骨富含血红素和促进铁吸收的半胱氨酸，能改善缺铁性贫血。

3. 提神健脑：排骨还富含维生素 $B_1$、锌等，有促进智力的功效。

| 宜 | 排骨＋西洋参（滋养生津） |
| --- | --- |
| | 排骨＋洋葱（抗衰老） |
| 忌 | 猪排骨＋甘草（易致中毒） |
| | 猪排骨＋苦瓜（妨碍钙的吸收） |

# 奇香霸王骨

**材料** 排骨 300 克，上海青 100 克，松仁 5 克

**调料** 盐、干辣椒段、葱花、酱油各适量

**做法**

① 将排骨洗净切块，用盐、酱油腌渍 5 分钟；松仁入油锅炸熟；上海青洗净，放入加了盐的沸水中烫熟，捞出围在盘边。

② 将排骨入油锅中炸熟捞出。

③ 起油锅，炝香干辣椒，放排骨翻炒一会，装盘后撒上松仁即可。

# 泰汁九卷排骨

**材料** 排骨 600 克

**调料** 味精 10 克，白糖 10 克，葱末 3 克，姜末 5 克

**做法**

① 将排骨斩成 5 厘米长段。

② 用净水将血水泡净，捞出沥水，加入味精、白糖、葱末、姜末拌均匀。

③ 然后上蒸锅蒸 1 小时 15 分钟即可。

# 荷叶蒸排骨

**材料** 排骨 300 克，干荷叶 1 张，姜片、蒜末、葱白、葱花各少许

**调料** 料酒、盐、味精、蚝油、老抽、生抽、鸡粉各适量

**制作指导** 荷叶一定要洗干净，排骨腌渍的时间越长越入味。

## 食材处理

## 制作步骤

① 洗净的排骨斩成块。

② 装碗，倒入适量清水洗净。

③ 锅中加适量清水烧开，放入修整后的荷叶。

④ 煮软后捞出，摆在盘中。

⑤ 排骨加入姜片、蒜末、葱白、料酒、盐、味精、蚝油。

⑥ 再放入老抽、生抽、鸡粉、水淀粉、油腌渍10分钟。

① 将排骨倒在荷叶上。

② 放入蒸锅。

③ 加上盖子以中小火蒸15分钟。

④ 取出已经蒸好的排骨。

⑤ 浇上熟油，撒上葱花即可。

# 蒜蓉香骨

**材料** 冻猪寸骨 300 克，面粉 20 克，蒜蓉 100 克

**调料** 盐 6 克，胡椒粉、蒜汁、苏打粉各 7 克

**做法**

❶ 冻猪寸骨解冻洗净，用盐、胡椒粉、面粉、苏打粉腌 1 小时，用蒜汁浸泡后捞起沥干。将蒜蓉炸至金黄色，捞起沥干油待用。

❷ 油烧热至 70℃，放入猪寸骨炸熟。

❸ 盛起上碟，撒上炸香的干蒜蓉即可。

# 糖醋排骨

**材料** 排骨 250 克

**调料** 酱油、醋、白糖、盐、淀粉各适量，葱段 5 克

**做法**

❶ 排骨洗净斩块，用盐、淀粉拌匀；将酱油、白糖、淀粉、醋调成汁。

❷ 油烧热，把排骨放入油锅炸至结壳捞出。

❸ 原锅留油，放入葱段煸香后捞去，放排骨，将调好的芡汁冲入锅中，颠翻炒锅，即可装盘。

# 芳香排骨

**材料** 猪排骨 500 克

**调料** 盐 6 克，花椒、五香粉、料酒各少许，卤水、葱花各适量

**做法**

❶ 排骨洗净，剁成长块，抹上盐、料酒、五香粉、花椒，放入碗内腌 20 分钟。

❷ 上笼蒸至刚熟时取出，投入卤水中卤软，捞出沥干。

❸ 将卤好的排骨入热油锅炸至呈金黄色捞出，装盘，撒上葱花即可。

# 粉蒸排骨

材料 排骨 300 克，米粉 100 克

调料 豆豉 5 克，鸡精 2 克，豆腐乳 30 克，豆瓣酱 15 克

做法

① 排骨洗净斩段；豆瓣酱、豆豉用油炒香，凉后加入米粉、鸡精、豆腐乳拌匀。

② 将排骨放入蒸盘中，上铺拌好的调味料，入蒸笼蒸 30 分钟即可。

# 排骨鸡块土豆糕

材料 排骨、鸡肉各 300 克，大土豆 150 克，小土豆 100 克，葱末、红椒丁各适量

调料 盐 3 克，酱油、料酒各 12 克，淀粉 20 克

做法

① 排骨、鸡肉均洗净，剁成块；大土豆去皮洗净，切块；小土豆去皮，洗净。

② 油锅烧热，放入排骨、鸡块爆炒香，加盐、酱油、料酒翻炒，放大、小土豆，再注入适量开水焖煮至汤汁收浓，撒上葱末、红椒丁即可。

# 南瓜豉汁蒸排骨

材料 南瓜 200 克，排骨 300 克，豆豉 50 克

调料 盐、老抽、葱末、姜末、红椒丝各适量

做法

① 排骨洗净，剁成块，汆水；豆豉入油锅炒香；南瓜洗净，切大块排于碗中。

② 油锅烧热，加盐、老抽调成汤汁，再与排骨拌匀，放入排有南瓜的碗中。

③ 将碗置于蒸锅内蒸熟，取出，撒上葱末、姜末、蒜末、红椒丝即可。

# 美果蒜香骨

材料 排骨 400 克，土豆 100 克，腰果 50 克

调料 盐、胡椒粉、蒜末、料酒、淀粉各适量

做法

① 排骨洗净，切块；土豆洗净，切方丁，入油锅中炸至表面起壳时即捞出。

② 将排骨加入蒜末、淀粉、料酒，调入盐、胡椒粉抓匀。

③ 油烧热，将排骨入锅中炸至金黄色时，下入土豆、腰果翻炒匀，起锅装盘即成。

# 酱香迷踪骨

**材料** 猪骨 500 克,红椒片 50 克

**调料** 盐 3 克,白糖 5 克,香油、酱油、料酒各 10 克,葱花、胡椒粉各适量

**做法**

① 猪骨洗净切段,氽水后捞起,再用料酒、酱油腌渍 15 分钟。

② 油锅烧热,下猪骨炸成棕红色,加红椒片、胡椒粉、盐、白糖炒香。

③ 最后淋入香油,撒上葱花即可。

# 家常酱排骨

**材料** 排骨 500 克

**调料** 盐、老抽、红油、葱末各适量,红辣椒、熟芝麻各少许

**做法**

① 排骨洗净剁块;红辣椒洗净,切成小丁。

② 锅内注水,大火烧开后将剁好的排骨放入锅内煮至完全熟,捞出装盘。

③ 油锅烧热,炒香葱末,再放盐、老抽、红油拌炒,取汤汁浇在排骨上,撒上熟芝麻、红辣椒丁即可。

# 陕北酱骨头

**材料** 猪大骨 1000 克

**调料** 花椒、桂皮、八角、盐各 5 克,料酒、酱油各 25 克,香叶 2 克,葱丝、白糖各 15 克

**做法**

① 猪大骨洗净,置锅中加水没过骨头。

② 锅内放八角、花椒、桂皮、香叶、料酒、酱油、白糖。

③ 用大火烧开后打净浮沫,加盐转小火加盖焖至熟,撒上葱丝即可。

# 京味焖排骨

**材料** 猪排骨 500 克,葱适量

**调料** 盐 3 克,醋 5 克,料酒 10 克,酱油 12 克

**做法**

① 猪排骨洗净,剁成块,用盐、料酒腌渍备用;葱洗净切段。

② 炒锅内注油烧热,放入腌渍好的排骨翻炒,再加入盐、醋、料酒、酱油继续拌炒。

③ 向炒锅内注水,焖煮 20 分钟至排骨熟,撒上葱段即可。

# 排骨鹌鹑蛋

**材料** 排骨 500 克，鹌鹑蛋 200 克

**调料** 盐 2 克，醋 10 克，酱油 20 克，料酒、葱各 5 克

**做法**

① 排骨洗净，砍成小段，加料酒、盐腌渍入味；鹌鹑蛋煮熟去壳后待用；葱洗净，切末。

② 锅内注油烧热，放入排骨炸至金黄色后，再加入鹌鹑蛋、盐、醋、酱油翻炒，加适量热水，焖煮至水分快干。

③ 撒上葱末，起锅装盘即可。

# 蒜香排骨

**材料** 猪排骨 800 克，蒜汁 100 克

**调料** 糯米粉 75 克，淀粉 25 克，嫩肉粉 10 克，味精 3 克，盐 4 克，白糖、腐乳汁各 10 克

**做法**

① 猪排骨洗净斩件，用嫩肉粉腌 1 小时后，冲水沥干。

② 把蒜汁倒入排骨中，加糯米粉、淀粉、味精、盐、白糖、腐乳汁拌匀，腌 30 分钟。

③ 油锅烧热，放入排骨，慢火炸至呈金黄色，捞起装盘即可。

# 青胡萝卜芡实猪排骨汤

**材料** 排骨 300 克，青、胡萝卜各 150 克，芡实 100 克

**调料** 盐 3 克

**做法**

① 青、胡萝卜洗净，切大块；芡实洗净，浸泡 10 分钟。

② 排骨洗净，斩块，汆水。

③ 将排骨、芡实和青、胡萝卜放入炖盅内，以大火烧开，改小火煲煮 2.5 小时，加盐调味即可。

# 猪肝

◆**食疗功效：**

1. 增强免疫力：猪肝中含有的维生素C和微量元素硒，能增强人体的免疫力。

2. 补血养颜：猪肝含丰富的蛋白质及动物性铁质，对女性贫血有很好的改善作用。

3. 防癌抗癌：猪肝含有的维生素C，能抵御自由基对细胞的伤害，防止细胞的变异，具有防癌作用。

**选购窍门**
◎新鲜猪肝有弹性，有光泽，无异味。

**储存之道**
◎可用豆油涂抹，放入冰箱内延长保鲜期。

**健康提示**
◎高血压、冠心病、肥胖症及血脂高的人忌食猪肝。

**宜**　猪肝 + 菠菜（预防贫血）
　　　猪肝 + 韭菜花（减少胆固醇的吸收）

**忌**　猪肝 + 蛋（容易造成血管硬化）
　　　猪肝 + 豆芽（降低营养价值）

# 老干妈拌猪肝

**材料** 老干妈豆豉酱15克，卤猪肝250克，红椒5克，葱5克

**调料** 盐、味精各4克，酱油、红油各10克

**做法**

① 卤猪肝洗净，切成片，用开水烫熟；红椒洗净，切段；葱洗净，切碎。

② 油锅烧热，入红椒爆香，入老干妈豆豉酱、酱油、红油、味精、盐制成味汁。

③ 将味汁淋在猪肝上，拌匀即可。

# 猪肝拌黄瓜

**材料** 猪肝300克，黄瓜200克，香菜20克

**调料** 盐、酱油各5克，醋3克，味精2克，香油适量

**做法**

① 黄瓜洗净切条；香菜择洗干净，切小段。

② 猪肝洗净切小片，放入开水中氽熟，捞出后冷却。

③ 将黄瓜摆在盘内，放入猪肝、盐、酱油、醋、味精、香油，撒上香菜，拌匀即可。

# 淋猪肝

**材料** 卤猪肝 250 克，老干妈豆豉酱、红椒各适量

**调料** 葱、盐、酱油、红油各 10 克

**做法**

① 卤猪肝洗净，切成片，用开水汆熟；红椒洗净，切段；葱洗净，切花。

② 油锅烧热，入红椒爆香，入老干妈豆豉酱、酱油、红油、盐制成味汁。

③ 将味汁淋在猪肝上，撒上葱花即可。

# 韭菜炒肝尖

**材料** 韭菜 150 克，猪肝 200 克，红椒 10 克

**调料** 盐 3 克，味精 2 克，料酒 5 克，姜丝 5 克

**做法**

① 韭菜择洗干净，取其最嫩的一段待用；猪肝洗净，切成薄片；红椒洗净，切成细丝。

② 将猪肝片用盐、料酒、姜丝腌渍 10 分钟。

③ 锅注油烧热，下红椒爆炒，入猪肝炒至变色，倒韭菜炒至熟，加盐、味精调味即可。

# 姜葱炒猪肝

**材料** 猪肝 300 克，红椒、洋葱各 60 克

**调料** 盐 3 克，辣椒粉 5 克，玉米粉、绍酒、姜片、葱段各适量

**做法**

① 红椒、洋葱均洗净，切片。

② 猪肝洗净切片，放入玉米粉、绍酒拌匀，腌渍 10 分钟。

③ 油锅烧热，倒入猪肝炒至变色，放入红椒、洋葱、姜片、葱段和盐、辣椒粉炒匀即可。

# 辣椒炒猪杂

**材料** 猪心、猪肝各 300 克，红尖椒少许

**调料** 葱、料酒、淀粉、酱油、甜辣酱各适量

**做法**

① 猪心、猪肝洗净，切片，用酱油、料酒、淀粉拌匀；红尖椒、葱洗净，切成小段。

② 锅中加油烧至九成热，倒入猪肝、猪心煸炒，再放入红尖椒翻炒均匀。

③ 加葱、甜辣酱炒至入味即可。

# 猪肚

◆**食疗功效：**

1. 开胃消食：猪肚有健脾胃，开胃消食的功效。

2. 补血养颜：猪肚含有丰富的钙、磷、铁等，适用于气血虚损、身体瘦弱者食用，对女性有补血养颜的作用。

3. 增强免疫力：猪肚含有丰富的蛋白质和碳水化合物，可以增强机体的免疫能力。

**选购窍门**

◎应选表面呈粉嫩肉色、无坏死组织的猪肚。

**储存之道**

◎猪肚洗净煮熟后用保鲜膜包紧，放入冰箱冷冻。

**健康提示**

◎温热内蕴、肥胖、便秘、高脂血症患者少吃猪肚。

| 宜 | 猪肚 + 银杏 + 腐竹（健脾开胃）<br>猪肚 + 胡萝卜 + 黄芪 + 山药（补虚养颜） |
| 忌 | 猪肚 + 芦荟（对身体不利）<br>猪肚 + 豆腐（对身体不利） |

# ▌红油肚丝

**材料** 猪肚 500 克

**调料** 红油 50 克，葱 10 克，香菜 5 克，料酒 10 克，盐 2 克，味精 2 克，白糖 5 克，香油 5 克

**做法**

① 猪肚洗净，煮熟放凉后，切成丝，装盘；葱洗净，切花；香菜洗净，切成小段。

② 将葱花、香菜与红油、料酒、盐、味精、白糖、香油一起拌匀，浇淋在盘中的肚丝上，拌匀即可。

# ▌双笋炒猪肚

**材料** 小竹笋、芦笋各 150 克，猪肚 200 克

**调料** 盐 3 克，味精 2 克

**做法**

① 小竹笋、芦笋分别洗净，切成斜段，分别入锅焯水；猪肚洗净，放入清水锅中煮熟，捞起切条。

② 油烧热，下入猪肚炒至舒展后，再加入双笋，一起炒至熟透，加盐、味精调味即可。

1. 胃消食：猪耳含蛋白质、维生素，具有补虚健胃的功效。

2. 补血养颜：猪耳含的锌和维生素 K 有很好的补血养颜功效。

3. 增强免疫力：猪耳能补充钙质和蛋白质，可增强免疫力。

**选购窍门**

◎宜选手感坚实，外表微微湿润，不黏手，无异味的猪耳。

**储存之道**

◎猪耳应放于冰箱低温保存。

**健康提示**

◎三高人群不宜食用猪耳。

宜 猪耳 + 芝麻（排毒养颜）

忌 猪耳 + 菱角（引起腹痛）

# 小白菜拌猪耳

**材料** 小白菜、猪耳各 100 克

**调料** 盐、味精各 3 克，香油 10 克，红椒 20 克

**做法**

❶ 小白菜洗净，切段；红椒洗净，切圈，与小白菜同入开水锅焯水后捞出；猪耳洗净，切丝，汆水后取出。

❷ 将以上备好的材料同拌，调入盐、味精拌匀。

❸ 淋入香油即可。

# 芝麻拌猪耳

**材料** 猪耳 300 克，熟芝麻 50 克

**调料** 盐 3 克，味精 1 克，生抽 10 克，醋 8 克，红油 20 克，葱少许

**做法**

❶ 猪耳洗净，切片；葱洗净，切花。

❷ 锅内注水烧沸，放入猪耳汆熟后，捞起沥干并装入碗中。

❸ 用盐、味精、生抽、醋、红油调成汤汁浇在猪耳上，撒上葱花、熟芝麻即可。

# 豆芽拌耳丝

**材料** 绿豆芽 200 克，猪耳朵 300 克，红椒 5 克

**调料** 盐 4 克，香油 2 克，酱油 8 克，料酒 10 克

**做法**

① 豆芽洗净，去两端，入沸水中烫熟捞出；猪耳朵洗净。

② 将猪耳朵在开水中加盐、料酒、酱油煮熟捞出，切丝；红椒洗净，切丝。

③ 将猪耳朵与豆芽、红椒丝拌匀，再淋上香油即可。

# 云片脆肉

**材料** 猪耳朵 500 克

**调料** 盐 4 克，酱油 8 克，料酒 10 克，白糖 15 克，葱 25 克

**做法**

① 猪耳朵去毛洗净；葱洗净切成葱花备用。

② 猪耳朵在开水中加盐、料酒、酱油煮熟捞出，切片。

③ 油锅烧热，放入白糖、盐炒成汁，淋在猪耳朵上，撒上葱花即可。

# 香干拌猪耳

**材料** 香干 200 克，熟猪耳 200 克，熟花生 50 克，红椒、葱丝各 10 克

**调料** 盐 4 克，香菜 5 克，醋 15 克

**做法**

① 香干洗净切片，入沸水稍焯后再捞出；红椒、香菜洗净切段。

② 油锅烧热，放花生、盐、醋翻炒，淋在香干、猪耳上拌匀，撒上香菜、红椒、葱丝即可。

# 千层猪耳

**材料** 猪耳 500 克

**调料** 盐 5 克，卤汁 500 克，味精 2 克

**做法**

① 卤汁倒入锅中，调入盐、味精。

② 猪耳洗净，放入卤汁卤熟，捞出放凉。

③ 切条摆盘即可食用。

# 牛肉

◆**食疗功效**：

1. 增强免疫力：牛肉含有的维生素 $B_6$，可以帮助人体增强免疫力，促进蛋白质的新陈代谢和合成。

2. 提神健脑：牛肉富含锌、B族维生素，有增强记忆力的功效。

3. 补血养颜：牛肉富含的铁，能改善贫血的状况，起到补血养颜的功效。

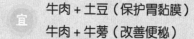

**选购窍门**

◎新鲜牛肉有光泽，肌肉红色均匀；表面不黏手。

**储存之道**

◎将牛肉在 1% 的醋酸钠溶液中泡一小时，可存放三天。

**健康提示**

◎过敏、湿疹、肾炎、痔疮者不宜食用牛肉。

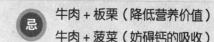

宜　牛肉＋土豆（保护胃黏膜）
　　牛肉＋牛蒡（改善便秘）

忌　牛肉＋板栗（降低营养价值）
　　牛肉＋菠菜（妨碍钙的吸收）

# ▌牛肉拌菜

**材料** 牛肉 200 克，冻豆腐、菠菜各 100 克，黄豆芽 50 克

**调料** 醋、料酒各 10 克，盐 3 克，辣椒酱适量

**做法**

❶ 牛肉洗净氽熟，捞出待凉后切片；冻豆腐洗净切片；菠菜、黄豆芽均洗净，与冻豆腐同入开水中焯熟。

❷ 将牛肉、冻豆腐、菠菜、黄豆芽加醋、料酒、盐、辣椒酱拌匀即可。

# ▌湘卤牛肉

**材料** 牛肉 500 克，蒜末、姜末各 5 克，葱花 10 克

**调料** 盐 3 克，料酒、红油、酱油各适量

**做法**

❶ 牛肉洗净，切块，煮熟待用。

❷ 油锅烧热，爆香葱、姜、蒜，淋上料酒，加入酱油、盐，加入鲜汤、牛肉，大火煮半小时。

❸ 待肉和汤凉后，捞出牛肉块，改刀切薄片，淋上红油即可。

# 胡萝卜烧牛腩

**材料** 胡萝卜250克，熟牛腩200克，洋葱120克，蒜末15克，葱段20克，姜片10克

**调料** 盐、味精、白糖、水淀粉、料酒、沙茶酱、老抽各适量

## 食材处理

❶ 洗净的洋葱切成片。

❷ 洗净的胡萝卜切块。

❸ 熟牛腩切块。

**制作指导** 用啤酒瓶盖去除胡萝卜的表皮，不仅操作简便，而且也不会使营养流失过多。

## 制作步骤

❶ 锅中注入适量清水烧热，倒入胡萝卜。

❷ 加盐煮片刻，盛出备用。

❸ 热锅注油，加蒜末、姜片、少许葱段、沙茶酱炒香。

❹ 再倒入切好的熟牛腩炒匀。

❺ 加少许料酒拌匀，再淋入老抽炒匀。

❻ 倒入少许水。

❼ 倒入胡萝卜，煮至熟。

❽ 加盐、味精、白糖调味，煮至入味。

❾ 倒入洋葱炒熟，用少许水淀粉勾芡。

❿ 起锅，将炒好的材料移至砂煲。

⓫ 砂煲置于旺火上，烧开后撒入余下的葱段。

⓬ 端出即可。

# 松子牛肉

材料　牛肉 400 克，松子 30 克

调料　盐、葱、沙茶酱、小苏打粉、酱油各适量

做法

❶牛肉洗净切片，加盐、小苏打粉、沙茶酱略腌，入油锅中炸至五成熟，捞出沥油。

❷松子入油锅炸至香酥，捞出控油。

❸葱洗净切段，入锅爆香，加入盐、酱油及牛肉快炒至入味，撒上松子即可。

# 牙签牛肉

材料　牛肉 250 克

调料　盐 8 克，孜然 10 克，姜、葱、蒜各 5 克，干辣椒 30 克，胡椒粉 2 克，味精 3 克，淀粉 5 克

做法

❶牛肉洗净切成薄片；干辣椒洗净切段；葱、姜、蒜均洗净改刀。

❷牛肉片用淀粉、盐腌渍入味后，再用牙签将牛肉片串起来，入油锅炸香后捞出。

❸锅置火上，加油烧热，下入姜、蒜、干辣椒炒香，再下入牛肉串，加入盐、味精、胡椒粉、孜然炒至入味，放入葱段即可。

# 青豆烧牛肉

材料　牛肉 300 克，青豆 50 克

调料　豆瓣 15 克，葱花、蒜各 10 克，姜 1 块，水淀粉 10 克，料酒、嫩肉粉、盐、花椒面、上汤、酱油各适量

做法

❶牛肉洗净切片，用水淀粉、嫩肉粉、料酒、盐抓匀上浆；豆瓣剁细；青豆洗净；姜、蒜洗净去皮切末。

❷锅置火上，油烧热，放豆瓣、姜米、蒜米炒香，倒入上汤，加酱油、料酒、盐，烧开后下牛肉片、青豆。

❸待肉片熟后用水淀粉勾薄芡，装盘，撒上花椒面、葱花即可。

# 越南黑椒牛柳

**材料** 牛柳 200 克，洋葱、红椒、青椒、蘑菇各适量

**调料** 黑椒碎 5 克，白兰地 10 克，盐 3 克，胡椒粉少许，苏打粉 2 克

**做法**

① 将牛柳洗净切片；洋葱洗净切片；红椒、青椒、蘑菇洗净切片；牛柳粒放入苏打粉、胡椒粉、盐腌10 分钟。

② 热锅炒香青椒、红椒、蘑菇、洋葱，倒入牛柳粒，用大火炒。

③ 加白兰地、黑椒碎和水，大火炒至水干，起锅装盘即可。

# 金山牛肉

**材料** 牛肉 300 克，面包糠、辣椒粒各适量

**调料** 盐、孜然粉、豆瓣、十三香、水淀粉、姜米各适量，蛋清适量，香菜段少许

**做法**

① 牛肉洗净切片，加盐、蛋清、水淀粉腌至入味。

② 油锅烧热，放牛肉片炒熟，加豆瓣、十三香、孜然粉、姜米炒入味，装盘。

③ 面包糠入锅炸香，加辣椒、盐炒匀，盛盘中，撒上香菜即可。

# 锅巴香牛肉

**材料** 锅巴块 100 克，牛肉 200 克

**调料** 盐、高汤、熟芝麻、水淀粉、鸡精、料酒、酱油、醋各适量

**做法**

① 牛肉洗净切片，加水淀粉、料酒、盐腌渍；将高汤、盐、醋、料酒、水淀粉、酱油、鸡精兑成味汁。

② 起油锅，下入牛肉片翻炒至五成熟，下入味汁，待收干时，撒入锅巴、芝麻即可。

# 笋尖烧牛肉

**材料** 牛肉 250 克，鲜笋 200 克，上海青 250 克

**调料** 葱花 25 克，姜片、酱油、料酒各 20 克，盐 5 克

**做法**

① 牛肉洗净切片；笋洗净切片。

② 上海青洗净，焯水装盘摆好。

③ 锅下油，旺火将油烧热，爆香姜片，放牛肉、料酒下锅翻炒，七成熟时加酱油、葱花、盐，继续翻炒至熟，出锅装盘即可。

# 酸菜萝卜炒牛肉

**材料** 牛肉250克,酸萝卜200克,酸菜200克

**调料** 青、红椒块各50克,姜片20克,盐5克,料酒、生抽、淀粉、辣椒酱各10克

**做法**

① 牛肉洗净切块;酸萝卜洗净切块;酸菜洗净切开。

② 油锅烧热,爆香姜片,下牛肉、料酒炒熟,下酸萝卜、酸菜、生抽、辣椒酱、盐、青椒、红椒炒匀,用淀粉勾芡,翻炒至汁浓盛出。

# 红烧牛肉

**材料** 牛肉500克,蒜、泡椒各适量

**调料** 盐、豆瓣酱、白酒、姜、香菜各少许

**做法**

① 牛肉洗净,切块;香菜洗净切段;蒜洗净拍碎;姜洗净切片。

② 油烧热,下入姜片爆香,放入牛肉,加豆瓣酱、白酒、盐炒匀,加水,用大火烧沸,转中小火炖30分钟。

③ 放入泡椒、蒜,炖至汤汁变浓时,起锅装盘撒上香菜即可。

# 芹菜牛肉

**材料** 牛肉250克,芹菜150克

**调料** 豆瓣酱、料酒、白糖、盐、花椒面、姜各适量

**做法**

① 牛肉洗净切丝;芹菜洗净去叶切段;姜洗净切丝。

② 油烧热,下牛肉丝炒散,放入盐、料酒和姜丝,下豆瓣酱炒散,待香味逸出、肉丝酥软时加芹菜、白糖炒熟,撒上花椒面即可。

# 土豆烧牛肉

**材料** 肥牛肉180克,土豆150克,蒜薹80克

**调料** 辣椒片、盐、味精、酱油各适量

**做法**

① 肥牛肉、土豆洗净,切块;蒜薹洗净,切段。

② 油锅烧热,入肥牛肉煸炒,至肉变色捞出。

③ 锅内留油,加土豆炒熟,入肥牛肉、辣椒片、蒜薹炒香,下盐、味精、酱油调味,盛盘即可。

# 白萝卜炖牛肉

**材料** 白萝卜200克，牛肉300克

**调料** 盐4克，香菜段3克

**做法**

① 白萝卜洗净去皮，切块；牛肉洗净切块，氽水后沥干。

② 锅中倒水，下入牛肉和白萝卜煮开，转小火熬约35分钟。

③ 加盐调好味，撒上香菜即可。

# 老汤炖牛肉

**材料** 牛肉500克

**调料** 盐、胡椒粉、味精、葱段、姜片、酱油、料酒各适量

**做法**

① 牛肉洗净，切块，入锅加水烧沸，略煮捞出，牛肉汤待用。

② 油锅烧热，加葱段、姜片煸香，加酱油、料酒和牛肉汤烧沸，调入盐、胡椒粉、味精，再放入牛肉同炖至肉烂，拣去葱段、姜片即可。

# 酸汤肥牛

**材料** 肥牛350克，青、红椒各20克

**调料** 盐2克，山椒水、麻油、辣椒酱各适量

**做法**

① 肥牛洗净，切片；青、红椒分别洗净，切圈。

② 锅内下油烧热，加入辣椒酱、盐、山椒水，加水下肥牛煮熟入味，起锅装碗。

③ 热锅放入麻油，下青、红椒圈炒香，淋在菜上即成。

# 杭椒牛肉丝

**材料** 牛肉300克，杭椒100克

**调料** 盐3克，味精1克，醋8克，酱油15克，香菜少许

**做法**

① 牛肉洗净，切丝；杭椒洗净，切圈；香菜洗净，切段。

② 锅内注油烧热，下牛肉丝滑炒至变色，加入盐、醋、酱油。

③ 再放入杭椒、香菜一起翻炒至熟后，加入味精调味即可。

# 大葱牛肉丝

**材料** 牛肉 300 克

**调料** 盐、胡椒粉、柱候酱、老抽各适量，葱丝、红椒、姜米、香菜末、淀粉各少许

**做法**

① 牛肉洗净切丝；红椒洗净切米。

② 牛肉加盐、淀粉腌 5 分钟；葱丝装盘。

③ 锅中油烧热，爆香姜米、红椒、柱候酱，放牛肉，炒至牛肉快熟时加盐、胡椒粉、老抽，用淀粉勾芡，撒上香菜，盛在葱丝上即成。

# 土豆胡椒牛柳粒

**材料** 牛柳 350 克，土豆 150 克

**调料** 盐 3 克，酱油 8 克，葱花、青椒、胡椒粉、水淀粉、红油各适量

**做法**

① 牛柳洗净切粒；土豆、青椒分别洗净，切粒。

② 锅中注油烧热，下土豆炸至金黄，沥油装盘；另起锅注油，下葱花爆香，下牛柳，调红油和青椒粒炒至熟。

③ 加盐，用水淀粉勾芡即可。

# 刀切茶树菇爆牛柳

**材料** 牛柳 200 克，茶树菇 200 克，土豆 150 克，青、红椒丝各适量

**调料** 盐 3 克，味精 1 克，酱油、料酒各 10 克

**做法**

① 牛柳洗净切丝；茶树菇洗净切段；土豆去皮，洗净切条。

② 锅中倒油烧热，下土豆条炸至金黄色，沥油摆盘；锅底留油，下牛柳炒至变色，加茶树菇、辣椒丝炒熟。

③ 加盐、味精炒至入味即可。

# 口口香牛柳

**材料** 牛柳 500 克，洋葱丝 50 克，芝麻 10 克

**调料** 青、红椒丝各适量，料酒、淀粉、香油各 10 克，盐 5 克，姜汁、松肉粉各适量

**做法**

① 牛柳洗净，切片，加入姜汁、松肉粉、淀粉上浆。

② 锅烧热入油，然后加入牛柳、椒丝、洋葱丝、香油翻炒，下料酒，加盐，撒上芝麻，出锅装盘。

# 干煸牛肉丝

**材料** 牛肉、芹菜各300克

**调料** 青、红椒丝各适量，干辣椒段10克，姜15克，豆瓣酱25克，红油20克，盐5克

**做法**

① 牛肉洗净切细丝；芹菜洗净切段；姜去皮切成丝。

② 油锅烧热，牛肉丝下锅炒散，加盐、姜丝、干辣椒续炒，加入豆瓣酱炒香，然后加入芹菜、辣椒丝炒熟，淋入红油装盘即可。

# 松仁牛肉粒

**材料** 牛肉300克，青、红椒各50克，熟松仁20克，干红椒15克，淀粉适量

**调料** 盐3克，酱油5克，料酒5克，味精2克

**做法**

① 牛肉洗净切丁，用淀粉和料酒裹匀；青、红椒洗净，切圈；干红椒洗净备用。

② 锅中倒油烧热，下牛肉，调入酱油翻炒至断生，先后下松仁、干红椒和青、红椒圈继续翻炒。

③ 调入盐和味精，炒匀盛出。

# 翡翠牛肉粒

**材料** 青豆300克，牛肉100克，白果20克

**调料** 盐3克

**做法**

① 青豆、白果分别洗净沥干；牛肉洗净切粒。

② 锅中倒油烧热，下入牛肉炒至变色，盛出。

③ 净锅再倒油烧热，下入青豆和白果炒熟，倒入牛肉炒匀，加盐调味即可。

# 小毛葱烧牛柳

**材料** 牛柳250克，小毛葱100克，上海青200克

**调料** 青椒、红椒片各50克，酱油、盐、香油各适量

**做法**

① 牛柳洗净，切片，放入酱油、盐、香油中腌渍片刻。

② 小毛葱洗净切块；上海青去叶入沸水中焯熟捞起入盘摆好。

③ 油锅烧热，下牛柳炒熟，再加入辣椒、小毛葱翻炒，下淀粉勾芡，下盐，起锅装盘。

# 鲜笋烧牛腩

材料　竹笋 200 克，牛腩 350 克

调料　干辣椒 5 克，红油 10 克，盐 2 克，酱油 4 克

做法

①竹笋洗净，对半剖开；牛腩洗净切块；干辣椒洗净切段。

②锅中倒油烧热，下入牛腩炒熟，加入竹笋、干辣椒炒匀。

③下入盐、酱油、红油炒匀，倒适量水烧至汁水浓稠后即可。

# 大蒜小枣焖牛腩

材料　牛腩 300 克，金丝枣 80 克，大蒜 50 克，胡萝卜 100 克

调料　盐 3 克，生抽、料酒、水淀粉各适量

做法

①牛腩洗净切块；大蒜、胡萝卜洗净切块；金丝枣洗净待用。

②锅中注油烧热，下牛腩，调入生抽、料酒，加大蒜、金丝枣、胡萝卜稍炒，加水焖熟。

③加入盐和水淀粉调成的芡汁，炒匀即可。

# 鸡腿菇焖牛腩

材料　牛腩 500 克，上海青 300 克，泡发鸡腿菇 250 克，青、红椒丁各适量，蒜片 20 克

调料　姜片 10 克，豆瓣酱 10 克，盐 5 克

做法

①牛腩、鸡腿菇均洗净切块；上海青洗净，焯水，装盘。

②油锅烧热，爆香姜片和蒜片，放进牛腩，加入豆瓣酱，放入鸡腿菇、辣椒丁拌炒，调入盐，盛出，装盘即可。

# 香菜氽牛肉丸

材料　牛肉 300 克，青菜、香菜各 200 克

调料　盐 3 克，淀粉、生抽、白糖、醋各 8 克

做法

①牛肉洗净，剁成泥；香菜洗净切碎；青菜择洗干净，焯烫。

②牛肉装碗，加盐、白糖、水、淀粉、香菜碎，搅打至起胶后，用手挤成丸子。

③锅倒水烧热，放入牛肉丸、盐、生抽、白糖、红醋，以小火煮至熟后，放入青菜略煮片刻即可。

# 沙茶牛肉

**材料** 牛肉 450 克，洋葱 50 克，青椒、红椒、蒜末、青椒末、红椒末各少许

**调料** 沙茶酱 25 克，盐、白糖、味精、蚝油、食粉、生抽、水淀粉、食用油各适量

**制作指导** 牛肉片腌渍时要充分拌匀，这样炒制出来的牛肉才嫩滑。

### 食材处理

 ❶ 将洗净的青椒、红椒均切成片。

 ❷ 洗好的洋葱切片。

 ❸ 洗净的牛肉切片。

❹ 牛肉片加食粉、生抽、盐、味精抓匀。

❺ 淋入水淀粉拌匀。

❻ 再注入少许食用油，腌渍10分钟。

 ❼ 热锅注油，烧至四成热，放入牛肉。

❽ 滑油片刻，捞出备用。

### 制作步骤

 ❶ 锅底留油烧热，放入蒜末、青椒末、红椒末爆香。

 ❷ 再倒入青椒片、红椒片和洋葱片炒匀。

 ❸ 倒入牛肉。

 ❹ 放入沙茶酱炒匀。

 ❺ 加盐、白糖、味精、蚝油调味。

 ❻ 翻炒至熟透。

 ❼ 用水淀粉勾芡。

 ❽ 翻炒均匀。

 ❾ 出锅装盘即成。

# 牛蹄筋

## ◆食疗功效：

1. 增强免疫力：牛蹄筋能增强细胞生理代谢，增强免疫力。

2. 防癌抗癌：牛蹄筋含有的胶原纤维，能阻止癌细胞生长，有效地防止癌变。

### 选购窍门

◎选购蹄筋要挑色泽白，软硬均匀，且没有硬块的才好。

### 储存之道

◎建议购买后直接进行烹制，不要存放过长时间。

### 健康提示

◎内有宿热者忌食牛蹄筋。

| 宜 | 牛蹄筋 + 花生（补气血） |

| 忌 | 牛蹄筋 + 板栗（降低营养） |

# 凉拌牛筋

**材料** 牛筋 400 克

**调料** 酱油、香油、醋各适量，盐、味精各 3 克，红椒丝、香菜叶各 20 克

### 做法

①香菜叶洗净；牛筋洗净，入开水汆一下捞出，待凉后切块。

②牛筋加入酱油、香油、醋、盐、味精拌匀。

③摆上红椒丝、香菜叶即可。

# 泡椒蹄筋

**材料** 牛蹄筋、泡椒各 200 克，黄瓜、蒜苗各适量

**调料** 盐 3 克，味精 1 克，酱油 10 克，红油 15 克

### 做法

①牛蹄筋洗净，切段；泡椒洗净；黄瓜洗净，切块；蒜苗洗净，切段。

②锅中注油烧热，放入牛蹄筋炒至发白，倒入泡椒、黄瓜、蒜苗一起炒匀。

③再放红油炒至熟，加入盐、味精、酱油调味，装盘即可。

# 腰果蹄筋

**材料** 腰果50克，猪蹄筋200克

**调料** 葱花15克，盐、味精各3克

**做法**

❶猪蹄筋洗净，切碎末，入开水锅中，加入盐、味精，煮至黏稠状取出，放入冰箱冷冻。

❷将冷冻后的猪蹄筋切成块状，摆入盘中，撒上腰果、葱花即可。

# 红烧蹄筋

**材料** 水发牛蹄筋500克，蟹柳、上海青各适量

**调料** 料酒、葱花、姜末、鲜汤各适量

**做法**

❶牛蹄筋洗净切段；上海青、蟹柳洗净待用。

❷上海青洗净，焯水围盘边；牛蹄筋入开水锅稍煮，盛出待用。

❸油锅烧热，下葱花、姜末炒出香味，加入料酒、鲜汤烧开，再放入蹄筋，加入蟹柳略烧即成。

# 小炒金牛筋

**材料** 牛筋450克，红辣椒70克，蒜苗50克

**调料** 盐4克，酱油10克

**做法**

❶将牛筋洗净切段，下入沸水煮软，捞出；红辣椒、蒜苗洗净切片。

❷油烧热，下红辣椒、蒜苗煸炒，加入盐调味。

❸续下牛筋、酱油翻炒，加少许水，焖至干时装盘即可。

# 牛肚

选购窍门
◎好的牛肚组织坚实、有弹性、黏液较多、色泽略带浅黄。

储存之道
◎洗净低温存储。

健康提示
◎牙齿不好的人不宜食用牛肚。

◆食疗功效：

1. 补血养颜：牛肚具有补益脾胃，补气养血的功效。

2. 开胃消食：牛肚含有蛋白质、碳水化合物等，可开胃消食。

3. 增强免疫力：牛肚含硒元素，可增强人体免疫力。

宜 牛肚＋黄芪（补气血、增强免疫力）

忌 牛肚＋芦荟（不利吸收）

# 生拌牛肚

材料 牛肚 500 克，松子仁、红椒各 20 克

调料 香油、盐、酱油、陈醋各 5 克，味精 1 克，芝麻 10 克

做法

❶松子仁擀碎；牛肚处理干净切丝，控水后放盆内；红椒洗净切丁。

❷放陈醋、红椒、芝麻腌 15 分钟。

❸放松子仁、盐、味精、酱油、香油拌匀，腌 20 分钟即可。

# 干豆角炒牛肚

材料 牛肚 300 克，干豆角 250 克

调料 青椒、红椒各 20 克，盐、鸡精各适量

做法

❶将牛肚洗净，入沸水锅中氽水，捞起，切条；干豆角泡发，切小段；青椒、红椒均洗净，切条。

❷油烧热，下入牛肚爆炒，再加入干豆角同炒至熟，最后加入青椒、红椒翻炒均匀。

❸用盐和鸡精调味，起锅装盘即可。

# 川香肚丝

**材料** 牛肚 200 克, 辣椒 150 克

**调料** 盐、味精各 3 克, 红油、香油各 10 克

**做法**

① 牛肚洗净, 入开水煮熟, 切丝; 辣椒洗净, 切丝。

② 油锅烧热, 入牛肚煸炒, 下辣椒炒香。

③ 下盐、味精、红油、香油炒匀, 盛盘即可。

# 萝卜干炒肚丝

**材料** 萝卜干 200 克, 牛肚 200 克

**调料** 盐 3 克, 醋 8 克, 料酒 10 克, 酱油 15 克, 香菜少许, 熟芝麻少许

**做法**

① 萝卜干泡发, 洗净; 牛肚洗净, 切丝; 香菜洗净, 切段。

② 油锅烧热, 下肚丝翻炒, 调入盐、醋、料酒、酱油。

③ 加入萝卜干炒至熟, 撒上香菜、熟芝麻即可。

# 芡莲牛肚煲

**材料** 牛肚 400 克, 芡实 100 克, 莲子 50 克

**调料** 花生油 30 克, 盐少许, 味精 3 克, 葱 5 克

**做法**

① 将牛肚洗净切片, 氽水; 芡实洗净; 莲子浸泡洗净; 葱洗净切段。

② 炒锅上火倒入花生油, 将葱爆香, 倒入水, 下入牛肚、芡实、莲子, 调入盐、味精, 小火煲至熟即可。

# 小炒鲜牛肚

**材料** 鲜牛肚 1 个, 蒜薹 300 克, 红椒 15 克

**调料** 盐 6 克, 味精 4 克, 蚝油 8 克, 香油 20 克, 鸡精 5 克

**做法**

① 牛肚洗净卤好切片; 蒜薹洗净切段; 红椒洗净切丝。

② 倒油入锅, 下入蒜薹、红椒、牛肚, 加入盐、味精、蚝油、鸡精炒匀, 淋上香油即可。

# 羊肉

**◆食疗功效：**

1. 开胃消食：羊肉中的烟酸能维持消化系统健康，B族维生素亦能促进食欲。

2. 增强免疫力：羊肉中含有丰富的蛋白质，经常食用能提高免疫力，增加对抗病毒的能力。

3. 补血养颜：羊肉含有丰富的铁，能预防贫血，使皮肤恢复良好的血色。

**选购窍门**

◎绵羊肉细嫩、膻味小；山羊肉较粗糙、膻味重。

**储存之道**

◎羊肉放少许盐腌渍2天，即可保存10天左右。

**健康提示**

◎肝炎病人忌食羊肉。

 **宜** 羊肉 + 山药（健脾止泻）

羊肉 + 香菜（多种功效）

 **忌** 羊肉 + 南瓜（易得脚气病）

羊肉 + 食醋（降低营养）

# 水晶羊肉

**材料** 羊肉 500 克，琼脂 400 克

**调料** 盐 4 克，味精 2 克，香菜 10 克，鲜椒味汁适量

**做法**

❶羊肉洗净切丝，氽熟，入碗；香菜洗净去根；琼脂放入蒸笼稍蒸，加盐、味精调味。

❷羊肉淋入琼脂汁，放入冰箱冷却成冻，取出来，撒上香菜，蘸上鲜椒味汁即可食用。

# 姜汁羊肉

**材料** 羊肉 400 克，姜 50 克，葱 20 克

**调料** 盐 3 克，醋、料酒、酱油、味精各适量

**做法**

❶姜、葱均洗净，切末。

❷用部分姜末、醋、盐、味精、酱油加适量鲜汤调成汁。

❸羊肉洗净，放入清水锅中，加入料酒、剩余姜、葱末，煮熟，放冷切片，摆入碗中，浇上汤汁。

# 糖醋羊肉丸子

**材料** 羊肉 250 克，马蹄肉 50 克，鸡蛋 1 个，羊肉汤 1000 克，蒜末、青椒片、红椒片、葱段各少许

**调料** 食用油、番茄汁、白糖、盐、味精、生粉、鸡粉、水淀粉各适量

## 食材处理

❶ 将洗净的羊肉切碎。

❷ 再剁成肉末。

❸ 马蹄肉拍碎，剁成末。

❹ 用干净毛巾吸干水分，放入盘中备用。

❺ 羊肉末加入适量盐、味精、鸡粉拌匀，打入蛋清，搅拌至起浆。

❻ 加入马蹄肉末、生粉拌匀。

## 制作步骤

❶ 用油起锅，加蒜末、青椒、红椒、葱段煸香。

❷ 加入番茄汁，再加少许清水，加白糖和少许盐调匀。

❸ 加水淀粉勾芡。

❼ 再打至上劲。

❽ 锅中注入羊肉汤烧开。

❾ 将肉末捏成肉丸子，用汤匙舀上肉末，即成肉丸。

❹ 倒入羊肉丸拌匀。

❺ 盛入盘中即可。

❿ 下入烧开的汤中煮 3 分钟至熟。

⓫ 用漏勺捞出。

⓬ 放入盘中备用。

**制作指导** 为避免肉丸子在锅中煮时粘在一起，可在丸子表面加上一层食用油。番茄汁加醋调成的糖醋汁，味道更鲜美。

# 小炒羊肉

**材料** 羊肉 500 克，红椒米、姜末、蒜末、葱花各少许

**调料** 盐 5 克，料酒 10 克，香油、酱油各适量

**做法**

① 羊肉洗净，切片，用盐、料酒、酱油腌渍。

② 油烧热，下入羊肉翻炒至羊肉刚变色时，下入红椒米、姜蒜末、盐，烹入料酒，旺火翻炒，淋上香油，撒上葱花即成。

# 香芹炒羊肉

**材料** 羊肉 400 克，香芹少许

**调料** 盐、味精、醋、酱油、红椒、蒜各适量

**做法**

① 羊肉洗净，切片；香芹洗净，切段；蒜洗净，切开；红椒洗净，切圈。

② 锅内注油烧热，下羊肉翻炒至变色，加入香芹、蒜、红椒一起翻炒。

③ 再加入盐、醋、酱油炒至熟，最后加入味精调味，起锅装盘即可。

# 双椒炒羊肉末

**材料** 青椒、红椒各 100 克，豆豉 10 克，羊肉 250 克

**调料** 老姜 3 片，葱丝 20 克，盐适量

**做法**

① 青、红椒洗净切片；姜去皮洗净切片；羊肉洗净切成细末。

② 将羊肉末入油锅中滑熟后盛出。

③ 锅上火，油烧热，放入豆豉爆香，再加入肉末快速翻炒过油，然后下入葱丝、青椒、红椒、姜片翻炒均匀，加盐调味即成。

# 板栗焖羊肉

材料 羊肉 500 克，板栗、胡萝卜、白萝卜各适量

调料 桂皮 1 片，八角 3 粒，糖 3 克，酱油 5 克，米酒 10 克，葱段、姜蓉、淀粉、香油各适量

做法

① 胡萝卜、白萝卜洗净切块；肉洗净切片。

② 烧热油锅，爆香葱段、姜蓉，下入羊肉小炒，再放入胡萝卜、白萝卜和其余调味料加水焖煮。

③ 放板栗焖煮至熟，淋入淀粉及香油即可。

# 洋葱爆羊肉

材料 羊肉 400 克，洋葱 200 克，蛋清适量，西红柿 1 个

调料 盐、料酒、水淀粉、香油、葱白各适量

做法

① 羊肉洗净切片，加盐、蛋清、水淀粉搅匀；洋葱、葱白、西红柿洗净切好。

② 盐、料酒、水淀粉搅成芡汁。

③ 油烧热，放入羊肉片，加洋葱搅散，入芡汁翻炒，淋香油，加葱白拌匀，西红柿片码盘装饰即可。

# 酱爆羊肉

材料 羊肉 400 克，西蓝花 300 克，西红柿 1 个，蛋清适量，葱段 12 克，水淀粉 10 克

调料 盐 4 克，辣椒粉 5 克，酱油、料酒各 10 克

做法

① 羊肉洗净切片，加盐、酱油、蛋清、水淀粉拌匀；西蓝花洗净，掰成小朵，在盐开水里烫熟；西红柿洗净切成瓣。

② 油锅烧热，加羊肉滑散，下辣椒粉、料酒、葱段翻炒，盛出后与西蓝花和西红柿摆盘即可。

# 葱爆羊肉

材料 羊肉 500 克，大葱 200 克

调料 香油、醋、姜汁、酱油、蒜末、料酒各适量

做法

① 将羊肉洗净，切成薄片；大葱洗净切段。

② 锅中放油烧热，下入羊肉片煸炒至变色，加料酒、姜汁、酱油、蒜末煸至入味。

③ 最后放入大葱、醋，爆炒至熟，淋入香油即成。

# 双椒爆羊肉

**材料** 羊肉 400 克，青椒、红椒各 80 克

**调料** 盐、味精各 3 克，料酒 10 克，水淀粉 25 克，香油 10 克

**做法**

① 羊肉洗净切片，加盐、水淀粉搅匀，上浆；青、红椒洗净斜切成圈备用。

② 油锅烧热，放入羊肉滑散，加入料酒，放入青、红椒炒均匀。

③ 炒至羊肉八成熟时，以水淀粉勾芡，加入味精，炒匀即可。

# 孜然羊肉

**材料** 羊肉 600 克，孜然粉 35 克，辣椒粉 30 克

**调料** 盐 4 克，料酒、嫩肉粉各 9 克，葱花 15 克

**做法**

① 羊肉洗净切片，加嫩肉粉、盐、料酒一起腌渍 10 分钟。

② 油锅烧热，放入羊肉，炒至刚熟即马上捞出，滤干油分；另起油锅烧热，放入孜然粉，稍煸出香味，加入辣椒粉，倒入滑好的羊肉片，烹入料酒，快速翻炒几遍，装盘，撒上葱花即可。

# 纸包羊肉

**材料** 羊肉 300 克，冬菇、竹笋各 50 克，红椒 10 克，葱末、姜末各 15 克

**调料** 盐 3 克，胡椒粉 2 克，料酒 10 克

**做法**

① 羊肉洗净切片；红椒、冬菇、竹笋洗净切片。

② 将羊肉片与盐、胡椒粉、料酒、葱姜末、冬菇片、竹笋片、红椒拌匀。

③ 用小玻璃纸包成小包，放入温油中炸熟，剥去玻璃纸，装盘即可。

# 烩羊肉

**材料** 羊肉 500 克，胡萝卜、西红柿 200 克，洋葱 100 克

**调料** 酱油、味精、水淀粉、盐各适量

**做法**

① 羊肉、胡萝卜均洗净切块，分别汆水；西红柿洗净剥去外皮切块；洋葱剥皮洗净，切条。

② 烧热油，加入西红柿块、酱油、水、羊肉块、胡萝卜炒匀，焖煮 1 小时后再加入洋葱、盐、味精，翻炒至汤汁快干时以水淀粉勾芡即可。

# 金沙蜀香羊肉

**材料** 羊肉 400 克，蜂窝玉米 100 克

**调料** 姜丝、酱油、料酒、盐、白糖、淀粉、香油、芝麻、孜然各适量，青、红椒 70 克

**做法**

① 青红椒洗净切丝；羊肉洗净切丝，加酱油、料酒拌匀。

② 油锅烧热，下羊肉炒散，加姜丝和青、红椒丝炒至断生。

③ 加盐和白糖翻炒，用淀粉勾芡，加孜然、芝麻、香油炒匀，盛起后与蜂窝玉米摆盘即成。

# 白水羊肉

**材料** 羊肉 350 克，姜片 50 克

**调料** 醋、盐、酱油各适量

**做法**

① 羊肉洗净，放入碗中；姜片洗净剁碎，放入碗中与羊肉抓匀，静置 15 分钟，再用清水洗净。

② 锅中注油烧热，下入羊肉略炒，盛入到汤锅中，煮熟后捞出冷却，切成片，叠放在盘中。

③ 调匀盐、醋、酱油，蘸食即可。

# 干椒孜然羊肉

**材料** 羊肉 400 克，孜然、干辣椒碎各少许

**调料** 嫩肉粉、盐、料酒、香菜段各适量

**做法**

❶羊肉洗净，切块，加嫩肉粉、盐、料酒腌渍；香菜段平铺在盘底。

❷油锅烧热，下羊肉炒散，滑熟捞出，滤油；另起锅上火，放油，入孜然煸香，放干辣椒碎炒至金黄色，倒入羊肉，烹料酒，急速翻炒几遍，出锅倒入铺好香菜的盘里即可。

# 牙签羊肉

**材料** 羊肉 300 克

**调料** 盐 3 克，辣椒面 5 克，油 500 克，味精 3 克，孜然 6 克，姜末少许

**做法**

❶羊肉洗净切丁，装入碗中备用。

❷调入盐、味精、辣椒面、孜然，腌渍入味后串在牙签上。

❸锅中油烧热，放入羊肉炸至金黄色至熟，捞出沥油摆入盘中即可。

# 香辣啤酒羊肉

**材料** 羊肉 350 克

**调料** 干辣椒、葱各 20 克，啤酒 80 克，生抽 5 克，盐 3 克

**做法**

❶羊肉洗净，切小块，入开水汆烫后捞出；葱洗净，切花；干辣椒洗净，切段。

❷锅倒油烧热，放入羊肉炒干水分后，加入干辣椒煸炒。

❸加入啤酒、生抽、盐煸炒至上色，加入葱花炒匀，起锅即可。

# 仔姜羊肉

**材料** 羊肉 350 克，淀粉、甜面酱各 10 克

**调料** 仔姜丝、青椒、红椒各 15 克，蒜苗段、肉汤各 20 克，盐 3 克，料酒、酱油各 5 克，味精适量

**做法**

❶羊肉洗净，切丝，加入料酒、盐拌匀；青、红椒洗净切开；酱油、淀粉、味精、肉汤拌成调味汁。

❷锅倒油烧热，下羊肉滑散，放甜面酱炒香，加仔姜丝、青椒、红椒、蒜苗段炒几下，加调味汁炒匀即可。

# 蛋炒羊肉

**材料** 羊肉 300 克，鸡蛋 80 克，青、红椒末各 50 克

**调料** 姜葱汁、料酒、盐、酱油、淀粉各适量

**做法**

① 肉洗净，切粒，加料酒、葱姜汁和淀粉上浆；鸡蛋磕入碗中，加盐搅匀。

② 将盐、料酒、酱油、淀粉和清水调味汁；油锅烧热，将鸡蛋炒散。

③ 再烧热油锅，下羊肉炒至变色，入青、红椒末及鸡蛋，倒入味汁炒匀，淋入熟油，装盘即成。

# 锅仔醋烧羊肉

**材料** 羊肉 800 克，上海青 300 克，胡萝卜 200 克

**调料** 盐 4 克，酱油 8 克，水淀粉 25 克，醋 50 克，姜片、干红椒段、桂皮、茴香各适量

**做法**

① 上海青洗净，胡萝卜洗净切块。

② 羊肉洗净，入开水锅中煮去血水，洗净切块；净锅烧开水，下羊肉和姜片、桂皮、茴香、酱油、醋、盐，旺火烧开。

③ 放干红椒段和其余材料炖熟，以水淀粉勾芡即可。

# 浓汤羊肉烩馓子

**材料** 羊肉 2000 克，白菜 300 克，红椒丝 70 克，馓子 200 克，姜丝 50 克

**调料** 盐、葱丝各 5 克，酱油 4 克，香菜 2 克

**做法**

① 羊肉、白菜均洗净切片；香菜洗净切段。

② 羊肉腌 10 分钟；油锅烧热，下葱丝、姜丝、红椒丝翻炒。

③ 锅内加水，放羊肉焖 30 分钟，加入白菜、馓子煮至待汤汁浓稠，撒上香菜即可。

# 锅仔菠菜羊肉丸子

**材料** 羊肉丸子 2000 克，菠菜 450 克

**调料** 盐 5 克，味精 2 克，料酒 5 克，葱 5 克，红辣椒 3 克

**做法**

① 将羊肉丸子洗净；菠菜洗净，去根，切成段；葱、红辣椒均洗净切丝。

② 锅内放清水，放入羊肉丸子煮 30 分钟。

③ 放入盐、味精、料酒烧滚，然后放入菠菜煮 2 分钟，出锅撒上葱丝、红椒丝即可。

# 羊排

◆**食疗功效：**

1. 增强免疫：羊肉性温，冬季常吃羊肉，可增加人体热量，抵御寒冷，而且还能增加消化酶，起到抗衰老的作用。

2. 保肝护肾：羊肉营养丰富，对营养不良、腰膝酸软、阳痿早泄等病症有很大裨益，有补肾壮阳等作用。

**选购窍门**

◎在购买新鲜的羊排时，要选羊排上的羊肉颜色明亮且呈红色，用手摸起来感觉肉质紧密的。

**储存之道**

◎新鲜的羊排如果需要短期保存，可放入冰箱冷藏室保存，一般可以保存3天左右。

**健康提示**

◎发热、牙痛、口舌生疮、咳吐黄痰等上火症状者不宜食用羊排。

| 宜 | 羊排+米酒（可降低食用肉类时的异味感） |
| | 羊排+洋葱（可增强免疫） |
| 忌 | 羊排+南瓜（易发生黄疸和脚气病） |
| | 羊排+竹笋（同食易引起腹痛） |

# 干锅羊排

**材料** 羊排400克，干辣椒25克，熟芝麻少许

**调料** 葱段、姜片、老抽、料酒、香油、盐各适量

**做法**

❶羊排洗净切块，用葱段、姜片、老抽、料酒腌渍10分钟；干辣椒洗净切段。

❷干锅加入油，烧热后放羊排炒至干香，捞出。

❸原锅再烧热，下干辣椒炝香，倒入羊排翻炒，再加入盐调味，淋上香油，撒上熟芝麻即可。

# 小土豆羊排

**材料** 土豆300克，羊排350克

**调料** 红椒、辣椒酱各15克，料酒、盐各3克

**做法**

❶羊排洗净，剁块，汆烫；土豆去皮，洗净，切成长条；红椒洗净，切斜段。

❷油烧热，放入羊排炸至两面上色，捞出；另起锅烧热，入土豆炸至表皮微黄，入羊排，烹入料酒炒香。

❸加红椒段、辣椒酱炒匀，加盐调味即可。

# 川香羊排

**材料** 羊排 650 克，烟笋 80 克，熟芝麻少许

**调料** 辣椒段、八角、料酒、酱油、葱段、盐各适量

**做法**

① 羊排洗净，切块，入汤锅，加水、八角煮烂，捞出；烟笋洗净泡发后，切成小条。

② 油烧热，下辣椒段、烟笋略炒，再加入羊排，烹入料酒炒香。

③ 加盐、酱油、葱段，撒上熟芝麻，即可。

# 辣子羊排

**材料** 羊排 500 克，辣椒粉 50 克

**调料** 盐 4 克，味精 2 克，酱油 8 克，葱 15 克，熟芝麻、料酒各 10 克

**做法**

① 羊排洗净切条，葱洗净切葱花。

② 用刀在羊排上划花，加盐、味精、酱油、料酒腌渍 20 分钟，再下入油锅中炸至金黄色。

③ 另起油锅，放辣椒粉、盐，翻炒均匀，淋在羊排上，撒上葱花和熟芝麻即可。

# 一品鲜羊排

**材料** 羊排 600 克，青椒、红椒和洋葱各 50 克

**调料** 盐 4 克，酱油、糖、料酒、水淀粉各 10 克

**做法**

① 羊排洗净；青、红椒和洋葱均洗净切小丁备用。

② 羊排用盐、料酒、酱油、糖腌渍 20 分钟后，下入烧热的油锅中，炸至金黄，捞出装盘。

③ 原锅烧热，加入青红椒、洋葱及盐翻炒至熟，用水淀粉勾芡，淋在羊排上即可。

# 羊肚

◆ **食疗功效：**

益气补血：羊肚中所含的营养成分有蛋白质、脂肪、碳水化合物、钙、磷、铁、维生素 $B_1$、维生素 $B_2$、烟酸等，有健脾补虚、益气健胃、固表止汗之功效。

**选购窍门**

◎选购羊肚时，首先看色泽是否正常，其次看胃壁和胃的底部有无血块或坏死的发紫发黑组织。最后闻有无臭味和异味，若有就是病羊肚或变质羊肚。

**储存之道**

◎清洗干净之后，宜冷藏保存。

**健康提示**

◎羊肚尤其适宜体质瘦弱、虚劳衰弱之人食用。

| 宜 | 羊肚＋山药（改善脾胃虚弱）<br>羊肚＋葱（补脾健胃） |
| --- | --- |
| 忌 | 羊肚＋杨梅（易引起中毒）<br>羊肚＋红豆（易引起中毒） |

# ▌葱拌羊肚

**材料** 羊肚300克

**调料** 盐2克，醋8克，味精1克，红油、葱、蒜各适量

**做法**

❶羊肚洗净，切成丝；葱、蒜洗净，切成丝。

❷锅内注水，烧开后，将羊肚丝放入开水中氽熟，捞出装盘。

❸加入盐、醋、味精、红油、葱、蒜后，搅拌均匀即可。

# ▌凉拌羊杂

**材料** 羊肝、羊心、羊肚、羊肺各70克，熟芝麻8克

**调料** 葱丝30克，香油、酱油、料酒各10克，胡椒粉、盐、味精各3克

**做法**

❶羊肝、羊心、羊肚、羊肺均洗净，氽熟，捞出切片。

❷羊杂中加入香油、酱油、料酒、胡椒粉、盐、味精、熟芝麻拌匀，撒上葱丝即可。

119

# 汤烩羊杂

**材料** 羊肠、羊肚各 150 克, 红椒 50 克

**调料** 盐、味精各 3 克, 醋、料酒、葱各 10 克

**做法**

❶ 羊肠、羊肚洗净切丝, 葱洗净切段, 红椒洗净切碎备用。

❷ 羊肠、羊肚在热水中氽烫, 捞出; 油锅烧热, 下入羊肠、羊肚, 加入盐、醋、料酒, 翻炒均匀, 再加入红椒翻炒。

❸ 锅中加水, 开中火进行炖煮, 快熟时, 加入味精、葱段, 煮匀即可。

# 干煸羊肚

**材料** 羊肚 400 克, 红椒 50 克, 芹菜梗 12 克

**调料** 盐 3 克, 味精 2 克, 酱油 8 克, 香菜、料酒各 10 克

**做法**

❶ 羊肚洗净切小块, 红椒洗净切圈, 香菜、芹菜梗洗净切段。

❷ 羊肚在热水中煮熟, 捞出; 油锅烧热, 下入羊肚, 加盐、料酒、酱油, 翻炒均匀。

❸ 下红椒翻炒, 加入芹菜梗、味精, 炒匀, 撒入香菜即可。

# 炒羊肚

**材料** 羊肚 500 克, 粉丝、红椒、香菜各少许

**调料** 盐 3 克, 老抽 15 克, 料酒 20 克

**做法**

❶ 羊肚洗净切丝, 晾干; 粉丝用温水焯过后沥干; 红椒洗净切丝; 香菜洗净。

❷ 炒锅置于火上, 注入植物油, 用大火烧热, 下料酒, 放入羊肚丝翻炒, 再加入盐、老抽、红椒继续翻炒。

❸ 炒至羊肚丝呈金黄色时, 放入焯过的粉丝与香菜稍炒, 起锅装盘即可。

# 干锅羊肚萝卜丝

**材料** 羊肚丝 800 克, 白萝卜丝 200 克

**调料** 盐 5 克, 味精 2 克, 酱油 8 克, 姜 15 克, 蒜头 20 克, 香菜段、料酒各 10 克, 高汤适量

**做法**

❶ 油锅烧热, 加蒜头爆锅, 下萝卜丝煸炒, 捞出; 另起油锅烧热, 放姜煸香, 加羊肚丝、盐、酱油、料酒炒匀。

❷ 干锅加入高汤、味精和炒好的材料煮至烂熟, 撒上香菜段即可。

# 第4部分

# 益气补虚
# 养生禽肉菜

禽肉类食物包括鸡肉、鸭肉、鸽肉等，是人们常食用的肉食中不可或缺的种类，中医理论认为，禽肉类食物具有温中益气、补精填髓、益五脏、补虚损、消水肿、止咳化痰的功效。鸡肉、鸽肉肉质细嫩，滋味鲜美，适合多种烹调方法，经常食用还可提高机体的免疫力。鸭肉性寒味甘，凡体内有热的人适宜食鸭肉，体质虚弱、食欲不振、发热、大便干燥和水肿的人食之更为有益。

# 鸡肉

## ◆食疗功效：

1. 增强免疫力：因为鸡肉中含有牛磺酸，可以增加人体免疫细胞，帮助免疫系统识别体内和外来的有害物质。

2. 提神健脑：鸡肉含有的牛磺酸可发挥抗氧化和解毒作用，促进智力发育。

3. 补血养颜：鸡肉含有钙、磷、铁及丰富的维生素等，有助于补血养颜。

**选购窍门**

◎优质鸡肉白里透红、发亮、手感光滑。

**储存之道**

◎鸡肉较易变质，购买之后要马上放进冰箱里。

**健康提示**

◎高血压、冠心病、胆结石、胆囊炎患者忌食鸡肉。

**宜** 鸡肉 + 百合 + 粳米（补气益脾）

**忌** 鸡肉 + 李子（容易助火热）
鸡肉 + 兔肉（容易发生腹泻）

# 鸡丝拉皮

**材料** 鸡肉、拉皮各 200 克，红椒丝适量

**调料** 盐 4 克，味精 2 克，料酒 10 克，香菜少许

**做法**

❶鸡肉洗净切丝，氽熟；拉皮洗净切条；香菜洗净切段。

❷拉皮与红椒丝分别焯水。

❸油锅烧热，放入盐、味精、料酒，略炒一下成汁，淋在拉皮里，把鸡肉丝放在拉皮上，放上香菜、红椒丝即可。

# 麻酱拌鸡丝

**材料** 鸡胸肉 500 克，葱丝 20 克，姜丝 40 克

**调料** 盐、胡椒粉、料酒、红油、酱油、芝麻酱各少许

**做法**

❶鸡胸肉洗净，放入滚水，加葱、姜及盐、胡椒粉、料酒烫熟，捞出，用手撕成细丝。

❷盘中铺入葱丝、姜丝及鸡肉丝，淋上红油、酱油、芝麻酱拌匀即可。

# 大盘鸡

材料 光鸡 750 克，土豆 300 克，青椒 30 克

调料 生姜 15 克，干辣椒 7 克，桂皮、八角、花椒、葱、大蒜、盐、蚝油、糖、啤酒各适量

## 食材处理

❶ 青椒洗净切片。

❷ 土豆去皮洗净，切块。

❹ 生姜去皮洗净，切片。

❺ 葱洗净切成段，大蒜去皮洗净后拍扁。

制作指导 土豆去皮后，如不马上烧煮，需用清水浸泡，以免发黑，但不能浸泡太久，以防营养成分流失。

## 制作步骤

❶ 起油锅，入鸡块炒断生，入糖色炒匀。

❷ 入姜、葱段、蒜末、干辣椒、花椒、桂皮。

❸ 翻炒至鸡肉散发香味。

❹ 倒入适量啤酒拌匀。

❺ 将土豆块拌匀。

❻ 加盖焖 8 分钟至鸡肉和土豆熟透，加盐、蚝油调味。

❼ 大火收汁。

❽ 放入青椒片炒熟，再撒入葱段拌炒匀。

❾ 盛出装盘即可。

# 三香海南鸡

**材料** 三黄鸡 350 克，上海青 50 克

**调料** 盐、葱片、姜片、鸡汤各适量

**做法**

① 三黄鸡洗净，煮熟后浸冷开水斩件；上海青洗净。油锅烧热，放入葱片、姜片，用中小火慢慢炒出香味，加鸡汤，入盐调味后均匀淋在摆好的鸡肉上。

② 另起油锅，待油六成热时，放入上海青，炒至断生后加盐调味，铺在鸡肉上即可。

# 广东白切鸡

**材料** 鸡肉 500 克，青、红椒丝各适量

**调料** 葱末、香油各 30 克，姜末、生抽、料酒各 20 克，盐 3 克，味精 2 克

**做法**

① 鸡肉洗净，氽熟，切块，拌上料酒；辣椒丝焯水。

② 辣椒丝与鸡肉装盘。

③ 将葱末、香油、姜末、生抽、盐、味精做成调味汁，淋在鸡肉、辣椒丝上即可。

# 惹味口水鸡

**材料** 鸡肉 450 克，熟花生米、姜、熟芝麻各适量

**调料** 盐、醋、料酒、红油、葱、香油各适量

**做法**

① 鸡肉洗净斩件，用料酒、盐腌渍；姜去皮洗净，切片；葱洗净，切花。

② 鸡肉入锅，加水、盐、姜片、料酒煮熟，捞出过冰水，抹上香油，摆盘；将盐、醋、红油调成味汁淋在鸡肉上，撒上芝麻、花生即可。

# 口福手撕鸡

**材料** 鸡 400 克，葱末、姜末各少许

**调料** 酱油、蚝油、料酒各 10 克，胡椒粉适量

**做法**

① 鸡洗净，涂上酱油，入热油中炸上色。

② 油锅烧热，爆香葱、姜，焦黄时捞出，加入蚝油、料酒、胡椒粉和凉开水烧开，放入鸡，煮 20 分钟，捞出放凉。

③ 将鸡肉切块，按照鸡肉纹理撕碎，摆盘。

# 印度咖喱鸡

**材料** 鸡腿 200 克，石粟 2 只，洋葱、茨仔各 1 只

**调料** 椰汁、花奶、盐、胡椒粉、鸡精、糖、咖喱粉各适量，葱蓉少许，红椒 1 个

**做法**

① 将洋葱、茨仔洗净切角备用；红椒洗净切块；鸡腿洗净切大件，加少许咖喱粉腌 20 分钟。

② 热锅下油，煎鸡腿肉至八成熟。

③ 热油炒香咖喱粉、石粟、洋葱、茨仔，下入剩余调味料、鸡腿肉，慢火煮 10 分钟盛盘即可。

# 香蕉滑鸡

**材料** 鸡脯肉 500 克，香蕉 5 根，鸡蛋 5 个

**调料** 盐、胡椒粉、面粉、面包糠各适量

**做法**

① 鸡脯肉洗净切片，抹上盐和胡椒粉腌渍。

② 鸡蛋打入碗中，放入面粉和面包糠搅匀。

③ 香蕉去皮，用鸡肉裹住，并裹上鸡蛋面糊。

④ 锅中加油烧热，下入香蕉鸡，煎至呈金黄色时捞出；将放凉了的香蕉鸡切成任意形状，装盘即可。

# 小煎仔鸡

**材料** 鸡 400 克，青、红椒条各 50 克

**调料** 蚝油、料酒各 10 克，盐、味精、淀粉、红油各适量

**做法**

① 鸡洗净，切块，加料酒、盐，入味去腥，加淀粉抓匀。

② 油锅烧热，放青、红椒，爆香，下鸡肉，加蚝油拌匀，炒至鸡肉水分完全收干，放入盐、味精翻炒，淋入红油即可出锅。

# 板栗辣子鸡

**材料** 鸡 300 克，板栗 100 克，青、红椒圈各少许

**调料** 高汤，盐、酱油、蒜末、姜末各适量

**做法**

① 鸡洗净，切块；板栗剥皮洗净，滤干。

② 油烧热，放板栗肉炸成金黄，入鸡块煸炒，下酱油、姜、盐、蒜、高汤焖熟。

③ 取瓦钵 1 只，将鸡块、板栗连汤一齐倒入，置火上煨至八成烂，再入炒锅，放青、红椒圈，炒至汁干即可。

125

# 风味手撕鸡

**材料** 鸡脯肉 400 克，红椒 30 克

**调料** 盐 6 克，味精 2 克，花椒 10 克，香油 20 克，姜、醋各 15 克

**做法**

① 鸡脯肉洗净，红椒切丝备用。

② 鸡脯肉用冷水加盐、花椒、姜、红椒丝同煮 15 分钟，捞出，撕成条。

③ 将盐、味精、醋拌匀，淋在鸡肉上，拌均匀，再淋上香油即可。

# 红焖家鸡

**材料** 鸡 600 克，西蓝花 100 克，青、红椒圈各 30 克，蒜 20 克

**调料** 盐 5 克，豆瓣酱、酱油、料酒各 15 克

**做法**

① 鸡洗净，切块；西蓝花洗净，掰成朵；蒜剥好。

② 油锅烧热，放入豆瓣酱炒香，再加入鸡块、盐，炒匀，加料酒、酱油、水焖熟，再加入青红椒、蒜。

③ 西蓝花烫熟，捞出，放在菜的周围即可。

# 南瓜蒸滑鸡

**材料** 鸡肉、南瓜各 250 克

**调料** 盐 4 克，酱油、葱花、辣椒丁、味精各 10 克

**做法**

① 鸡肉洗净，切块，加盐、味精、酱油腌 15 分钟；南瓜洗净，去皮，切成菱形块。

② 油锅烧热，入鸡肉煸炒，下盐、味精、酱油调味。

③ 南瓜盛盘，上面放上鸡肉，撒上葱花、辣椒丁，再上笼蒸熟即可。

# 神仙馋嘴鸡

**材料** 鸡胸肉 300 克，松子 200 克，花生米 50 克

**调料** 青辣椒、红辣椒各 20 克，盐 2 克，酱油 3 克

**做法**

① 鸡胸肉洗净切丁，用少许盐、酱油抹匀腌渍；青、红辣椒洗净切碎；松子、花生米分别洗净。

② 锅中倒油加热，下入鸡胸肉炸熟，倒入青辣椒、红辣椒炒入味。

③ 倒入松子和花生米炒熟，加盐调味后出锅。

# 脆皮鸡腿

**材料** 鸡腿 450 克，鸡蛋清适量

**调料** 酱油、料酒、味精、盐、脆皮粉各适量，红椒丁 10 克，洋葱粒 5 克

**做法**

① 鸡腿洗净，加入酱油、料酒、盐、鸡蛋清腌渍，再裹上脆皮粉。

② 油烧热，放入鸡腿炸至表皮金黄，即捞出沥油。

③ 原锅烧热，下入红椒丁、洋葱粒，加少许盐、味精、酱油炒入味后即可食用。

# 麦香小鸡腿

**材料** 鸡腿 700 克，青、红椒末各 50 克

**调料** 盐 4 克，酱油 8 克，料酒、泡打粉各 10 克，糖 15 克，蒜末、淀粉各 20 克

**做法**

① 鸡腿洗净，放料酒、盐、酱油、糖腌渍。

② 面粉加泡打粉搅匀，将鸡腿放入，裹上面粉，入油锅炸至金黄。

③ 油锅烧热，将蒜末、青红椒末煸香，加盐，淋在鸡腿上即可。

# 柠檬鸡块

**材料** 鸡腿肉 300 克，柠檬汁、香菜各适量

**调料** 盐、白糖、花椒、淀粉、蛋清、香油、水淀粉各适量

**做法**

① 鸡腿肉洗净切块，用花椒、蛋清和淀粉拌匀腌渍；香菜洗净切碎。

② 油锅烧热，下鸡块炸至金黄色，下柠檬汁和盐、白糖翻炒片刻，用水淀粉勾芡，淋入香油，起锅盛盘，撒上香菜即可。

# 咖喱鸡块

**材料** 鸡 500 克，土豆、花菜、西红柿、鸡蛋清、水淀粉各适量

**调料** 盐 4 克，孜然 5 克，香菜 10 克，咖喱块 50 克

**做法**

① 鸡洗净切丁，用盐、水淀粉、蛋清拌匀，上浆入味；土豆、西红柿、花菜洗净切块备用。

② 油锅烧热，入鸡丁炒至变色，放土豆、花菜、西红柿炒匀。

③ 放入咖喱块煮溶，加入孜然，撒上香菜装盘即可。

# 钵钵鸡

**材料** 鸡 1 只，熟花生米 100 克，熟芝麻 15 克

**调料** 葱、姜、干辣椒、红油、盐、香菜段各适量

**做法**

① 鸡处理干净。

② 锅中加水煮沸，放葱、姜、干辣椒及鸡，焖煮至鸡肉熟透后捞起，斩成长条摆盘。

③ 鸡汤煮热，调入红油、盐，撒入熟芝麻即成味汁。将味汁淋入鸡块中，撒上熟花生米和香菜段即可。

# 蘑菇炖鸡

**材料** 鸡 500 克，蘑菇 200 克

**调料** 盐 4 克，香菜段 5 克，酱油 8 克，葱末 6 克，姜末 10 克，料酒、糖各 15 克

**做法**

① 鸡处理干净，切块；蘑菇洗净，撕成小片。油锅烧热，放鸡块爆炒，再放姜末、葱末、盐、酱油、糖、料酒，炒匀。

② 锅中加水，鸡块炖 15 分钟后加蘑菇，再用中火炖 30 分钟，撒上香菜段即可。

# 五彩鸡丝

**材料** 鸡脯肉、鲜香菇、土豆、青椒、红椒、胡萝卜各适量

**调料** 盐 3 克，味精 2 克，料酒 8 克，淀粉 15 克

**做法**

① 鸡脯肉、青红椒、香菇均洗净，切丝；土豆、胡萝卜均去皮，洗净，切丝；鸡脯肉用淀粉、盐、味精腌渍半小时。

② 油锅烧热，加鸡丝快炒，再入香菇、土豆、青红椒、胡萝卜拌炒，烹料酒，装盘即可。

# 芝麻鸡柳

**材料** 鸡脯肉 300 克，鸡蛋液 50 克，熟芝麻 10 克

**调料** 干辣椒、低筋粉、脆炸粉、盐、料酒各适量

**做法**

① 低筋粉和脆炸粉加水调成糊，加鸡蛋液、盐、料酒拌匀，制成面糊。

② 鸡脯肉洗净，切条，放面糊中滚匀，再裹一层低筋粉。

③ 烧热，放干辣椒、鸡条，慢炸至表面金黄酥脆，捞出沥油装盘，撒上熟芝麻即可。

# 农夫鸡

**材料** 鸡 600 克

**调料** 盐 3 克，料酒 10 克，水淀粉、酱油各 15 克，葱末、姜末各适量

**做法**

① 鸡洗净，切块，用盐、料酒、水淀粉、酱油拌匀，放入油锅中炸上色后捞出。

② 用油锅爆葱末、姜末，加水、料酒、酱油烧开，放入鸡，改小火煮 20 分钟，待汤汁浓稠后，起锅装盘即可。

# 鲜椒丁丁骨

**材料** 鸡节骨 350 克，青椒、红椒各适量

**调料** 盐 3 克，味精 2 克，料酒、酱油、糖各适量

**做法**

① 鸡节骨洗净；青椒、红椒洗净，切圈备用。

② 油锅烧热，放入鸡节骨，加盐、料酒、酱油、糖，翻炒均匀。

③ 待鸡节骨八成熟时，放入青椒、红椒翻炒，加入味精即可。

# 香辣鸡脆骨

**材料** 鸡脆骨 500 克，花生米 50 克，干辣椒段、青椒圈各 15 克

**调料** 盐 5 克，水淀粉 20 克，葱花 15 克

**做法**

① 鸡脆骨、花生米洗净。

② 鸡脆骨加盐、水淀粉上浆；油烧热，将花生米炸好捞出，切碎；另起油锅，放干辣椒、鸡脆骨，加盐炒匀，加青椒、花生米，与鸡脆骨搅匀，撒入葱花即可。

# 茶树菇干锅鸡

**材料** 鸡 500 克，茶树菇 50 克

**调料** 姜片、蒜片、干椒段各 10 克，豆瓣酱、酱油各适量，花椒、盐各 4 克

**做法**

① 鸡洗净，切块；茶树菇用水泡好，洗净，去根，切段备用。

② 油锅烧热，下姜、蒜、干椒、豆瓣酱爆香，放鸡块炒至变色，加酱油、花椒，烧 8 分钟，下茶树菇续炒，加盐调味即可。

# 腰果鸡丁

**材料** 鸡肉 300 克，熟腰果 80 克

**调料** 淀粉、料酒、盐、葱末、姜末、蒜末、鸡汤各适量

**做法**

① 鸡肉切丁，用淀粉上浆。

② 油烧热，放鸡丁滑熟盛出；腰果炸至金黄色后，捞出沥油；另起锅加油烧热，下葱、姜和蒜爆锅，加入鸡汤、盐、料酒，烧开后放入鸡丁和腰果，勾芡，装盘即可。

# 宫保鸡丁

**材料** 鸡肉 200 克，油炸去皮花生米 50 克

**调料** 干辣椒 5 克，醋 15 克，料酒 8 克，盐、姜末、水淀粉各 3 克

**做法**

① 鸡肉洗净，切丁，用盐、水淀粉拌匀。干辣椒洗净。将盐、醋、料酒调成汁。

② 油锅烧热，爆香干辣椒，下入鸡丁炒散，下姜末快速翻炒，加入调味汁炒匀，起锅时将花生米放入即可。

# 红焖鸡蓉球

**材料** 鸡脯肉蓉 250 克，肥膘肉蓉、鸡蛋清各 50 克

**调料** 料酒、鸡油各 10 克，盐 4 克，水淀粉 3 克

**做法**

① 鸡脯肉蓉、肥膘肉蓉加料酒、盐和蛋清拌成鸡蓉，挤成丸子。

② 油烧热，将鸡丸子逐个放入，炸至外表结壳时，沥油；炒锅置火上，放料酒、盐，用水淀粉勾芡，将鸡丸入锅内，滑熟后装入盘中，淋上鸡油即成。

# 鸡翅

◆食疗功效：

1. 增强免疫力：鸡翅内含有丰富的维生素A，有增强人体免疫力的功效。

2. 补血养颜：鸡翅富含矿物质，有补气、补血的功效。

**选购窍门**

◎可以根据自己的口味喜好及需要自由选择：大型鸡翅色泽带黄，外表肥厚，皮下脂肪含量高，适合喜欢厚重口感的人士；中小型鸡翅皮薄，略显透明，脂肪含量低，

适合喜欢清淡口味的人士，尤其适合需降血脂、减肥的人士。

**储存之道**

◎放入冰箱冷藏。

**健康提示**

◎热毒疖肿、高血压、血脂偏高、胆囊炎、胆石症患者忌食鸡翅。

 鸡翅 + 板栗（补脾造血）

鸡翅 + 上海青（强化肝脏）

 鸡翅 + 狗肾（引起痢疾）

鸡翅 + 菊花（易致中毒）

# 板栗烧鸡翅

**材料** 鸡翅600克，板栗150克

**调料** 葱、姜、盐、料酒、冰糖、香油、高汤各适量

**做法**

① 将鸡翅洗净斩成块。

② 油锅烧热，下入板栗炸至外酥，捞起待用。

③ 锅内留油少许，放入鸡翅、盐、冰糖、料酒、葱、姜炒匀，再加入板栗和高汤烧透，勾芡，淋香油，起锅装盘即成。

# 可乐鸡翅

**材料** 鸡翅500克，可乐适量

**调料** 酱油适量

**做法**

① 将鸡翅洗净，剁成小块，再放入开水中氽一下，捞出备用。

② 将鸡翅放入锅中，加入可乐、酱油及适量清水，用旺火烧开。

③ 再改用小火慢烧，不断翻动，烧至鸡翅熟烂，汤汁浓，起锅装盘即可。

# 卤鸡翅

材料 鸡翅 600 克，蒜、葱段、姜片各 20 克

调料 盐 3 克，冰糖、料酒、酱油各适量，综合卤包 1 个

做法

①鸡翅洗净，放入开水中，加入一半葱及姜片烫熟，捞出。

②锅中放水、酱油、盐、冰糖、料酒、综合卤包、蒜，加剩下的葱段和姜片，再加入鸡翅煮开，熄火焖 3 小时，捞出鸡翅，盛入盘中，即可。

# 黑胡椒鸡翅

材料 鸡翅 400 克，包菜 300 克，蒜 10 克

调料 盐 4 克，红酒 100 克，冰糖 50 克，黑胡椒酱适量

做法

①蒜去皮切片；包菜洗净，焯水后盛盘。

②鸡翅洗净，用盐稍腌，入热油锅中炸熟。

③锅中留油继续加热，爆香蒜，放入炸熟的鸡翅及黑胡椒酱、清水、料酒、糖炒至汤汁收干，盛入装有包菜的盘中即可。

# 鸡翅小炒

材料 鸡翅 400 克，蒜苗 200 克，干辣椒 10 克

调料 盐 4 克，味精 3 克，鸡精 2 克，嫩肉粉适量，料酒 5 克，老抽 5 克

做法

①将鸡翅洗净切小段，加入嫩肉粉及适量盐、味精、鸡精、料酒腌渍入味。

②蒜苗、干辣椒洗净切丝备用。

③锅上火烧热油，炒香蒜苗、干辣椒，放入鸡翅炒至熟，加入老抽、盐、味精、鸡精炒匀入味即可。

# 菠萝烩鸡中翅

**材料** 鸡中翅 400 克，菠萝肉 200 克，红椒 20 克，姜片、蒜末、葱各少许

**调料** 盐 3 克，料酒 3 毫升，鸡粉 3 克，白糖 3 克，味精、食用油、芝麻油、番茄酱、生抽各适量

## 食材处理

❶ 洗净的鸡中翅划"一"字花刀。

❷ 洗净的红椒切开，再切成片。

❸ 菠萝肉去心，切瓣，切成块。

❹ 鸡中翅加少许盐、味精、白糖。

❺ 再加入适量生抽。

❻ 淋入少许料酒拌匀，腌渍 10 分钟。

> **制作指导** 菠萝肉不可煮太久，否则会影响其爽脆口感以及成品外观。

## 制作步骤

❶ 热锅注油，烧至五成热，放入鸡中翅。

❷ 炸至金黄色捞出。

❸ 用油起锅，倒入姜片、蒜末、葱花爆香。

❹ 倒入切好的红椒片。

❺ 加入菠萝块。

❻ 再倒入处理好的鸡中翅炒匀。

❼ 淋入少许料酒炒香。

❽ 加约 100 毫升清水。

❾ 加盐、鸡粉、生抽拌匀。

❿ 加盖，慢火煮约 3 分钟至鸡翅入味。

⓫ 揭盖，大火收汁，加番茄酱炒匀。

⓬ 加芝麻油炒匀。

⓭ 用锅铲继续翻炒片刻至入味。

⓮ 盛出装盘即可。

# 腰果香辣鸡翅

**材料** 鸡翅 500 克，腰果、松子、花生米各适量

**调料** 盐 4 克，料酒 10 克，生抽 15 克，葱末、姜末各 8 克，水淀粉 20 克，干红椒段 30 克

**做法**

① 鸡翅洗净，氽水，用料酒、葱末、姜末、盐、水淀粉腌渍入味。

② 腰果、松子、花生米均入油锅炸至酥脆；鸡翅炸至金黄，加入干红椒、腰果、松子、花生米同炒，加水焖熟即可。

# 红酒鸡翅

**材料** 鸡翅 400 克，板栗 150 克

**调料** 盐 4 克，红酒 100 克，冰糖 50 克

**做法**

① 鸡翅洗净，沥水；板栗洗净煮熟，捞出去皮。

② 油锅烧热，放鸡翅煎一分钟，倒红酒没过鸡翅后再放一点，再加入冰糖，待融化，放板栗和盐，大火烧开，中小火烧至汤汁浓稠，大火收汁即可。

# 金牌蒜香翅

**材料** 鸡翅 10 个，蒜蓉 50 克

**调料** 盐、五香粉各 5 克，黄油、蛋黄各适量

**做法**

① 鸡翅洗净，调入盐、五香粉，混匀后腌渍。

② 将黄油加热至溶化，放入蒜蓉煎炒 1 分钟，再入鸡翅中搅匀，蘸上一层蛋黄。

③ 处理好后摆在烤网上，移入已预热至 200℃ 的烤箱中，烤制 30 分钟即可。

# 贵妃鸡翅

材料 鸡翅 300 克，姜末、葱末各 10 克

调料 酱油、料酒、味精各适量

做法

① 鸡翅洗净，加酱油、料酒、姜、葱、味精腌渍入味。

② 鸡翅入油锅中炸至金黄色。

③ 捞起沥油，摆盘即可。

# 果酪鸡翅

材料 鸡翅 500 克，菠萝 200 克，葡萄 100 克

调料 盐 2 克，鸡精 1 克，淀粉 5 克

做法

① 将鸡翅洗净切成小块，加入盐、鸡精腌渍入味，拍上淀粉，投入锅中炸至金黄色，取出；菠萝剥皮切细块，葡萄洗净备用。

② 锅上火，加入少许底油，放入鸡翅、菠萝、葡萄熘炒入味，即可。

# 避风塘鸡中翅

材料 鸡中翅 300 克，面包屑 50 克

调料 盐 3 克，料酒 10 克，蒜末 15 克，青、红椒丝各 5 克

做法

① 鸡中翅洗净。

② 油锅烧热，入蒜末炸至金黄盛出备用；原油加面包屑翻炒至金黄酥香盛出备用。

③ 放鸡中翅煸炒，加盐、料酒、面包屑、青红椒丝、蒜末，翻炒使面包屑包裹在每块鸡肉上即可起锅。

# 鸡胗

◆**食疗功效：**

开胃消食：鸡胗对食积胀满、呕吐反胃、泻痢、疳积等症有较好的食疗作用，还可除热解烦。

**选购窍门**

◎新鲜的鸡胗富有弹性和光泽，外表呈红色或紫红色。

**储存之道**

◎如果需要长期保存鸡胗，需要把鸡胗刮洗干净，放入清水锅内煮至近熟，捞出控水，用保鲜袋包裹成小包装，放冰箱冷冻室内冷冻保存。

**健康提示**

◎脾胃虚寒者不宜多食鸡胗。

| 宜 | 鸡胗＋山楂或麦芽（对积食有食疗作用） |
| --- | --- |
| 忌 | 鸡胗＋鳖肉（易导致消化不良）<br>鸡胗＋兔肉（不利于营养吸收） |

# 干椒爆鸡胗

**材料** 鸡胗 300 克，芹菜段适量

**调料** 盐 3 克，醋 8 克，酱油 10 克，干辣椒适量

**做法**

①鸡胗洗净，切成大片；干辣椒洗净，切成斜段。

②油锅内注油烧热，放入鸡胗翻炒至变色，加入芹菜段、干辣椒一起炒匀。

③再加入盐、醋、酱油翻炒至熟后，起锅装盘即可。

# 泡椒鸡胗

**材料** 鸡胗 500 克，野山椒 20 克，红泡椒 20 克，蒜 10 克，姜 10 克

**调料** 盐 5 克，鸡精 2 克，胡椒粉 2 克

**做法**

①鸡胗洗净切十字花刀；蒜去皮洗净切片；姜洗净切片。

②锅上火，注入清水适量，调入少许盐，水沸后放入鸡胗汆烫，至七成熟捞出，沥干水分。

③锅上火，油烧热，放入姜片、蒜片、野山椒、红泡椒炒香，加入汆好的鸡胗，调入盐、鸡精、胡椒粉炒至熟，即可装盘。

# 鸡胗黄瓜

**材料** 黄瓜、鸡胗各 200 克

**调料** 盐、花雕酒、淀粉、红椒片、鸡精、葱末、姜片、蒜片各适量

**做法**

① 黄瓜洗净，切金钱片，焯水后捞出沥水；鸡胗洗净，切片，汆水后快速捞出。

② 油锅烧热，放入葱末、姜片、蒜片略煸，把鸡胗、黄瓜钱、红椒片倒入锅内，加花雕酒、盐、鸡精，勾芡出锅。

# 鸡胗豆角丝

**材料** 鸡胗、豆角各 300 克

**调料** 盐 3 克，生抽 10 克，干辣椒、葱末、姜末各适量

**做法**

① 鸡胗洗净，切片，汆水后捞起晾干；豆角洗净，切丝；干辣椒洗净，切开。

② 油锅烧热，放葱末、姜末炒香，下鸡胗翻炒，再放盐、生抽、干辣椒与豆角继续翻炒至熟，起锅装盘即可。

# 小炒鸡三样

**材料** 鸡肠、鸡心、鸡胗各 100 克，蒜薹、红椒各 50 克

**调料** 红油、香油各 10 克，盐 3 克，料酒 8 克

**做法**

① 蒜薹洗净，切段；红椒洗净，切圈；鸡肠、鸡心、鸡胗均洗净，切块，加入料酒除去腥味。

② 油锅烧热，下鸡肠、鸡心、鸡胗爆炒，加红椒、蒜薹续炒，加盐炒匀，淋上香油、红油即可。

# 卤胗肝

**材料** 鸡胗、鸡肝各 300 克

**调料** 蒜、葱、姜、酱油、冰糖、料酒各适量

**做法**

① 蒜去皮洗净拍碎；葱洗净切段；姜去皮切片。

② 鸡胗、鸡肝均洗净，放入开水中，加葱段及姜片汆烫，捞出备用。

③ 锅中放入卤包、蒜、酱油、冰糖、料酒、鸡胗及鸡肝煮开，熄火再继续焖一会儿，捞出放凉，盛盘即可。

# 鸭肉

选购窍门
◎要选择肌肉新鲜、脂肪有光泽的鸭肉。

储存之道
◎鸭肉可用熏、腊、风干、腌等方法保存。

健康提示
◎病中有伤、寒性痛经、胃痛、腹泻患者忌食鸭肉。

◆**食疗功效：**

1. 保肝护肾：常食鸭肉可保肝护肾。
2. 养心润肺：鸭的脂肪中含有不饱和脂肪酸，能降低血中胆固醇和甘油三酯，对心脏疾病患者有利。
3. 增强免疫力：鸭肉中富含钾元素，能够增强机体的免疫力。
4. 防癌抗癌：鸭肉含有丰富的蛋白质和维生素，能补充人体的营养需要，多吃有防癌抗癌的作用。

| 宜 | 鸭肉＋冬瓜（调养胃气） |
| | 鸭肉＋酸菜（营养丰富） |
| 忌 | 鸭肉＋板栗（易致食物中毒） |
| | 鸭肉＋鳖（易引起腹泻、水肿） |

# 鸭子煲萝卜

**材料** 鸭子 250 克，白萝卜 175 克，枸杞 5 克

**调料** 盐少许，姜片 3 克

**做法**

① 将鸭子处理干净斩块氽水，白萝卜洗净去皮切方块，枸杞洗净备用。

② 锅上火倒入水，下入鸭肉、白萝卜、枸杞、姜片，调入盐煲至熟即可。

# 虫草鸭汤

**材料** 冬虫夏草 8 克，鸭肉约 500 克

**调料** 枸杞 10 克，盐 5 克

**做法**

① 鸭肉剁块，放入沸水中氽烫后，捞出洗净。

② 冬虫夏草、枸杞洗净，与鸭肉一道放入锅中，加水至盖过材料，大火煮开后转小火续煮 30 分钟。

③ 起锅前加盐调味即成。

# 茶树菇鸭汤

**材料** 鸭肉250克，茶树菇少许

**调料** 鸡精、味精、盐各适量

**做法**

① 鸭肉斩成块，洗净后余水；茶树菇洗净。

② 将鸭肉、茶树菇放入盅内蒸2小时。

③ 最后放入鸡精、味精、盐即可。

# 黄金酥香鸭

**材料** 鸭肉250克，玉米粒100克，干辣椒100克

**调料** 香油20克，盐5克，味精5克，料酒适量

**做法**

① 鸭肉洗净，斩成小块，加少许盐、料酒腌渍5分钟。

② 炒锅放油烧热，下玉米粒炸至酥脆后，盛起备用。

③ 另起锅放油烧热，放进干辣椒爆香后，放进鸭肉、玉米粒煸炒，快熟时放盐、味精、香油，炒匀盛出。

# 吉祥酱鸭

**材料** 老鸭1只，花椒、桂皮、姜末、葱末各10克

**调料** 酱油50克，白糖、黄酒各20克，盐10克

**做法**

① 先用酱油、花椒、桂皮、白糖制成酱汁。

② 老鸭洗净后用盐、黄酒、姜、葱腌渍入味，晾干放入酱汁内浸泡至上色，捞起，挂在通风处。

③ 加糖、姜、葱、黄酒上笼蒸熟斩件即可。

# 五香烧鸭

**材料** 鸭1只

**调料** 白糖、酱油、盐、黄酒各适量，五香粉少许，葱、姜各10克

**做法**

① 将鸭处理干净；酱油、五香粉、黄酒、白糖、葱、姜、盐装盆调匀。

② 把鸭放入调料盆中浸泡2～4小时，翻转几次使鸭浸泡均匀。

③ 锅上旺火，放入少许清水，将浸泡好的鸭子放入，水开后改用小火煮，待水蒸发完，鸭子体内的油烧出，改用小火，随时翻动，当鸭油收净后，鸭子即熟，表面呈焦黄色，切条装盘即可。

# 红烧鸭

**材料** 鸭 350 克，高汤适量，香菜少许

**调料** 盐 3 克，酱油、豆瓣酱各 8 克

**做法**

① 鸭洗净，斩件；香菜洗净待用。

② 油锅烧热，下豆瓣酱炒香，放入鸭件炒至无水分，加入酱油炒上色。

③ 锅内倒入高汤烧至汁干，加盐调味后撒上香菜即可。

# 小炒鲜鸭片

**材料** 鸭子 500 克，芹菜 250 克，红辣椒 50 克

**调料** 老干妈酱、蒜、姜、盐、米酒各适量

**做法**

① 将鸭子洗净，切薄片，余去血水后捞出；姜洗净，切片；芹菜洗净切小段；红辣椒洗净切成圈；蒜去衣，切片。

② 锅烧热下油，下老干妈酱、蒜片、姜片、红椒圈爆香，加入鸭片、芹菜翻炒。

③ 炒至将熟时下盐、米酒炒匀，装盘即可。

# 年糕八宝鸭丁

**材料** 年糕、茄子、鸭肉、花生米、芹菜各 100 克

**调料** 生抽 20 克，香油 10 克，盐 5 克，味精 5 克

**做法**

① 鸭肉洗净，入锅中煮熟后切丁待用；年糕切丁；花生米、茄子、芹菜洗净，茄子、芹菜切丁。

② 锅烧热加油，放进生抽、香油、年糕、鸭肉、花生米、茄子、芹菜，翻炒至熟。

③ 最后下盐、味精，炒匀装盘即可。

# 鸭肉炖魔芋

**材料** 鸭肉 250 克，魔芋丝结 100 克，蘑菇 200 克，枸杞 50 克，姜片 20 克

**调料** 料酒 20 克，盐 15 克，味精 5 克，醋 5 克

**做法**

① 鸭肉洗净切块，其他材料洗净。

② 锅下油烧热，下鸭肉、料酒，稍炒至肉结，加适量清水，转大火炖煮。

③ 煮至快熟时，下魔芋丝结、蘑菇、枸杞，并下其他调味料，一起炖熟即可。

# 红枣鸭子

**材料** 肥鸭半只，猪骨500克，葱末、姜片各10克，红枣125克

**调料** 清汤、冰糖汁各2500克，料酒、白糖各10克，胡椒5克，盐、水淀粉、味精各适量

**做法** ❶鸭洗净，入沸水锅汆水捞出，用料酒抹遍全身，入七成热油锅中炸至微黄捞起，沥油后切条待用；猪骨、红枣均洗净。❷锅置旺火上，入清汤、猪骨垫底，后放入炸鸭煮沸，去浮沫，下姜、葱、胡椒、料酒、白糖、冰糖汁、盐，转小火煮。❸至七成熟时放入红枣，待鸭熟透香时捞出，鸭脯朝上摆盘中。❹锅内用水淀粉、味精将原汁勾芡，淋遍鸭身即可上桌。

# 干锅啤酒鸭

**材料** 鸭500克，泡椒200克，啤酒50克

**调料** 盐3克，老抽10克，料酒20克，蒜苗、姜末、青椒块各适量

**做法**

❶鸭洗净，切块，用盐、料酒腌渍后待用；泡椒洗净；蒜苗洗净切块。

❷油锅烧热，加姜末炒香，放鸭块翻炒，加泡椒、盐、老抽、料酒炒匀，再加水、啤酒焖熟。

❸加入青椒块、蒜苗炒匀即可。

# 干锅口味鸭

**材料** 鸭600克，青红椒少许

**调料** 盐、酱油、料酒适量、大蒜、姜末各少许

**做法**

❶鸭洗净，切成块，用盐、料酒腌渍后备用；青红椒洗净切片；大蒜洗净。

❷锅置于火上，注油烧热，放入姜末炒香后，放入腌渍好的鸭块翻炒，再加入盐、酱油、料酒继续翻炒。

❸注水，并加入青辣椒、红辣椒，再焖煮10分钟左右后即可。

# 鸭肝

◆**食疗功效**：

益气补血：鸭肝含有丰富的营养物质，是最理想的补血佳品之一。

**选购窍门**

◎新鲜的鸭肝呈褐色或紫色，表面细腻且富有光泽，无麻点，富有弹性，无硬块、水肿等现象。

**储存之道**

◎鸭肝如果一次食用不完，可在剩余鸭肝的表面，均匀地涂上一层色拉油，用保鲜膜包裹后放入冰箱保存。

**健康提示**

◎高胆固醇症、肝病、高血压和冠心病患者应少食鸭肝。

**宜** 鸭肝＋菠菜（改善贫血）

**忌** 鸭肝＋维生素C（不利于营养吸收）

# 盐水鸭肝

**材料** 鸭肝150克，葱10克，姜5克，红椒1个

**调料** 盐、大料、香菜各10克，蒜5克

**做法**

① 鸭肝洗净；葱洗净切丝；姜洗净切片；香菜洗净切段；红椒洗净切丝；蒜洗净剁蓉。

② 将鸭肝放入盐水锅中，加入大料卤煮熟，捞出，切成片，调入盐、姜丝、葱、香菜、红椒丝、蒜蓉拌匀即可。

# 黄焖鸭肝

**材料** 鸭肝500克，鲜菇50克，清汤300克

**调料** 酱油50克，白糖、甜面酱、绍酒、葱段、姜片各适量

**做法**

① 鸭肝汆水切条；鲜菇对切焯水。

② 油锅烧热，下白糖炒化，加清汤、酱油、葱、姜、鲜菇煸炒，制成料汁。

③ 油锅烧热，加甜面酱煸出香味，加鸭肝、清汤、绍酒、料汁煨炖5分钟，拣去葱、姜，装盘即成。

第 5 部分

# 防病健骨
# 养生豆制品

豆 制品不仅美味，而且营养价值很高，可与动物性食物媲美。豆制品的营养比大豆更易于消化吸收。因为大豆加工制成豆制品的过程中由于酶的作用，促使豆中更多的磷、钙、铁等矿物质被释放出来，能提高人体对大豆中矿物质的吸收率。发酵豆制品在加工过程中，由于微生物起一定的作用，还可合成维生素，对人体健康十分有益。

# 豆腐

◆**食疗功效**：

1. 增强免疫力：豆腐蛋白属完全蛋白，营养价值较高，常吃能够增强免疫力。

2. 提神健脑：豆腐富含大豆卵磷脂，有益于神经、血管、大脑的发育生长。

3. 防癌抗癌：豆腐中的甾固醇、豆甾醇，均是抑癌的有效成分，可以抑制乳腺癌、前列腺癌及血癌等癌症。

**选购窍门**

◎豆腐的颜色略带微黄，如果色泽过白则不佳。

**储存之道**

◎浸泡于水中，并放入冰箱冷藏，烹调前再取出。

**健康提示**

◎豆腐含嘌呤，痛风及血尿酸浓度高的患者慎食。

 宜　豆腐＋鱼（营养价值高）
　　豆腐＋西红柿（健美抗衰老）

 忌　豆腐＋菠菜（不利于钙吸收）
　　豆腐＋蜂蜜（导致腹泻）

# 八珍豆腐

**材料** 盒装豆腐1盒，皮蛋1个，咸蛋黄1个，榨菜20克，松仁、肉松各适量，红椒2个，葱1根

**调料** 生抽、盐、糖、胡椒粉、麻油各适量

**做法**

①将豆腐切成小块，沸水烫熟，放入盘中。

②皮蛋去壳切条，咸蛋黄切碎，榨菜切碎，和松仁、肉松一起拌入豆腐中。

③将洗净的红椒、葱切碎，与生抽、盐、糖、胡椒粉、麻油一起调匀，淋入盘中即可。

# 花生米拌豆腐

**材料** 豆腐600克，花生米、皮蛋各适量

**调料** 盐4克，葱花、红油、熟芝麻各少许

**做法**

①豆腐洗净，放入沸水中焯烫，取出切丁，待冷却。

②皮蛋去壳切丁；油锅烧热，将花生米、红油、盐炒成味汁；将皮蛋放在豆腐上，淋入味汁，撒上葱花和熟芝麻即可。

# 草菇烧豆腐

**材料** 草菇120克，豆腐200克，高汤适量，胡萝卜片、葱段各少许

**调料** 盐3克，水淀粉10毫升，蚝油、老抽、白糖、鸡粉、芝麻油、食用油各适量

**制作指导** 草菇不宜炒制太久，以免影响成品外观和鲜嫩口感。

## 食材处理

❶ 将洗净的草菇切成片。

❷ 将洗净的豆腐切成小块。

❸ 锅中注入适量清水。

❹ 加入少许盐。

❺ 倒入草菇、豆腐搅匀。

❻ 焯熟后捞出装入盘中。

## 制作步骤

❶ 起油锅，倒入葱段爆香。

❷ 倒入豆腐、草菇、胡萝卜片，拌炒匀。

❸ 加少许高汤烧煮片刻。

❹ 入蚝油、老抽炒匀，入盐、鸡粉、白糖调味。

❺ 用水淀粉勾芡。

❻ 淋入少许芝麻油炒匀。

❼ 撒上备好的葱段拌炒均匀。

❽ 盛出装盘即可食用。

# 肥牛豆腐

**材料** 豆腐、牛里脊肉各 200 克

**调料** 葱、姜丝、豆瓣各 10 克，盐 4 克，料酒、蒜各适量

**做法**

① 牛里脊肉洗净切粒；豆腐上笼蒸热；葱洗净切段；蒜洗净切末。

② 锅中注油烧热，放入牛里脊肉粒爆炒，加入豆瓣、蒜末、姜丝，烹入料酒，加入盐、葱段煮开，淋在蒸好的豆腐上即可。

# 草菇虾米豆腐

**材料** 豆腐 150 克，虾米 20 克，草菇 100 克

**调料** 香油 5 克，白糖 3 克，盐适量

**做法**

① 草菇洗净，沥水切碎，入油锅炒熟，出锅晾凉；虾米洗净，泡发，捞出切成碎末。

② 豆腐放沸水中烫一下捞出，放碗内晾凉，沥出水，加盐，将豆腐打散拌匀；将草菇碎块、虾米撒在豆腐上，加白糖和香油搅匀后扣入盘内即可。

# 清远煎酿豆腐

**材料** 豆腐 200 克，五花肉 100 克，青菜 50 克

**调料** 盐、葱花、胡椒粉、清汤各适量

**做法**

① 五花肉洗净剁碎，加盐腌渍；豆腐洗净切块，在每块豆腐中间挖个小洞，放入肉馅；青菜洗净焯熟待用。

② 油锅烧热，放入酿好的豆腐煎至两面金黄。

③ 取出豆腐，放入砂锅，加清汤、盐、胡椒粉烧熟，与青菜装盘，撒上葱花即可。

# 蒜苗烧豆腐

**材料** 豆腐 250 克，蒜苗 50 克，红辣椒适量

**调料** 红油、盐、鸡精、酱油、淀粉各适量

**做法**

① 把豆腐洗净，切成丁；蒜苗、红辣椒洗净，切碎；淀粉加水调成糊待用。

② 炒锅置大火上，加入油，放入豆腐块翻炒 2 分钟。

③ 加入红油、盐、鸡精、酱油翻炒 1 分钟，然后淋入淀粉糊，再煮 2 分钟，撒入蒜苗和红辣椒，装盘即可。

# 浓汤荷塘豆腐

**材料** 豆腐 250 克，虾仁 50 克，上海青 120 克

**调料** 盐 3 克，蚝油 10 克，蛋清少许

**做法**

① 豆腐洗净，切成小块；虾仁洗净，在背部改两刀，用蛋清浆制，入温油中滑成球形，捞出沥干油；上海青洗净。

② 把清水放入锅中煮沸，然后加入豆腐块煮熟，放入上海青、虾仁煮沸。

③ 最后放入盐、蚝油续煮 30 秒，装盘即可。

# 过桥豆腐

**材料** 水豆腐 150 克，五花肉 80 克，鸡蛋 4 个，红椒 15 克

**调料** 盐 3 克，味精 5 克，葱花、香油各少许

**做法**

① 豆腐洗净切片，在盐水中焯一下，摆在碗中。

② 红椒洗净，剁成碎末；五花肉洗净，剁成肉末，加红椒末、盐、味精拌匀，撒在豆腐片上。

③ 将鸡蛋打在豆腐两边，入锅蒸 5 分钟，撒上葱花，淋上香油即可。

# 皮蛋凉豆腐

**材料** 豆腐 150 克，皮蛋 50 克

**调料** 葱 20 克，蒜 10 克，盐 5 克，红油 10 克

**做法**

① 豆腐洗净，切成薄片；皮蛋略煮，洗净，去壳，剁碎；葱、蒜洗净，切成末。

② 豆腐放入盐水中焯一下水，捞出，沥干水分，摆在盘中。

③ 撒上皮蛋碎、葱末、蒜末，淋上红油即可。

# 香椿拌豆腐

**材料** 豆腐 150 克，香椿 80 克，熟花生米 30 克

**调料** 盐 3 克，酱油、香油各 8 克

**做法**

① 豆腐洗净，切成薄片，放入盐水中焯透，取出，沥干水分，装盘。

② 香椿洗净，用开水焯一下，捞出，沥干水分，切成碎末，撒上盐、酱油，和豆腐拌匀。

③ 淋上香油，撒上花生米即可。

# 肉丝豆腐

材料　豆腐 400 克，猪肉 150 克，红椒 30 克

调料　盐、酱油、香油、葱花、味精、熟芝麻各适量

做法

① 猪肉洗净切丝；红椒洗净切圈；豆腐洗净切块。

② 豆腐稍烫，捞出沥干，装盘；酱油、盐、味精、香油调成味汁，淋在豆腐上。

③ 油锅烧热，放入猪肉，加盐、红椒、葱花炒好，放在豆腐上，撒上熟芝麻即可。

# 豆腐酿肉馅

材料　豆腐、猪肉各 300 克，辣椒少许

调料　盐、淀粉、酱油、白糖各适量

做法

① 猪肉洗净，切碎；豆腐洗净切大块；辣椒洗净，切粒；酱油、白糖调成鱼香汁。

② 豆腐中间挖一小口，放入肉馅；油烧热，放入豆腐煎熟后捞出。

③ 油烧热，倒入剩余猪肉和辣椒翻炒，豆腐回锅，加入盐、鱼香汁稍煮，用水淀粉勾芡装盘。

# 四色豆腐

材料　豆腐、咸蛋黄、皮蛋、火腿、榨菜各适量

调料　生抽 10 克，蒜末、红椒丝、香菜段各 8 克

做法

① 豆腐洗净切方块，焯熟，捞出装盘；咸蛋黄捣碎；皮蛋、火腿、榨菜切末。

② 将咸蛋黄、皮蛋、火腿、榨菜分别放在豆腐上。

③ 生抽、蒜末加入适量凉开水拌匀，制成味汁，淋在豆腐上，撒上红椒丝、香菜段。

# 鸡蛋蒸日本豆腐

材料　鸡蛋 1 个，日本豆腐 200 克，剁辣椒 20 克

调料　盐、味精各 3 克

做法

① 取出豆腐切成 2 厘米厚的段。

② 将切好的豆腐放入盘中，将鸡蛋打于豆腐中间，撒上盐、味精。

③ 将豆腐与鸡蛋置于蒸锅上，蒸至鸡蛋熟，取出；另起锅置火上，加油烧热，下入剁辣椒稍炒，淋于蒸好的豆腐上即可。

# 潮式炸豆腐

**材料** 嫩豆腐 8 块

**调料** 盐 3 克，葱白、香菜、蒜蓉各少许

**做法**

① 豆腐洗净，对角切成三角形，然后用食油炸至金黄色。

② 葱白、香菜洗净，切段，加入蒜蓉、开水、盐，调成味汁。

③ 将炸好的豆腐放入碟中，拌味汁食用。

# 麻婆豆腐

**材料** 豆腐 300 克，牛肉末 150 克，豆豉少许

**调料** 葱花、辣椒粉、酱油、花椒粉、淀粉各适量

**做法**

① 豆腐洗净切方块，焯烫；豆豉剁碎。

② 锅注油烧热，下牛肉末煸炒，再加入豆豉和辣椒粉，炒出辣椒油。

③ 放入豆腐、酱油及适量开水，小火烧透，用淀粉勾芡，再加葱花拌匀，撒入花椒粉，出锅即成。

# 蟹黄豆腐

**材料** 豆腐 200 克，咸蛋黄、蟹柳各 50 克

**调料** 盐 3 克，蟹黄酱适量

**做法**

① 豆腐洗净切丁，装盘；咸蛋黄捣碎；蟹柳洗净，入沸水烫熟后切碎。

② 油锅烧热，放入咸蛋黄、蟹黄酱略炒，调入盐炒匀，出锅盛在豆腐上。

③ 豆腐放入蒸锅蒸 10 分钟，取出，撒上蟹柳碎即可。

# 家常豆腐

**材料** 豆腐 300 克，韭菜 20 克

**调料** 红尖椒 10 克，大蒜 5 克，盐 3 克，味精 2 克，淀粉适量

**做法**

① 豆腐洗净，切成小方块；韭菜洗净，切成小段；尖椒洗净，切成小圈；大蒜去皮，剁成蓉。

② 锅中加油烧热，下入豆腐块煎至两面呈金黄色时，捞出沥油。

③ 原锅下油烧热，下入尖椒、蒜蓉炒香后，再下入豆腐、韭菜翻炒，加盐、味精调味，出锅时以淀粉勾芡即可。

# 豆腐皮

 **选购窍门**
◎ 好的豆腐皮应皮薄透明，折而不断，泡后不黏。

 **储存之道**
◎ 放入冰箱，能保存 2 ~ 3 天。

**健康提示**
◎ 孕妇产后期间食用豆腐皮既能快速恢复身体健康，又能增加奶水。

◆ **食疗功效：**

1. 养心润肺：豆腐皮含有大量的卵磷脂，能防止血管硬化，滋润肺部。

2. 增强免疫力：豆腐皮营养丰富，蛋白质、氨基酸含量高，还有铁、钙、钼等人体所必需的 18 种微量元素，常吃能提高免疫能力。

3. 防癌抗癌：适当地吃豆腐皮可以预防乳腺癌、结肠癌等。

| 宜 | 豆腐皮＋辣椒（开胃消食）<br>豆腐皮＋香菜梗（健脾胃） |
| 忌 | 豆腐皮＋菠菜（阻碍钙的吸收）<br>豆腐皮＋四环素（降低药效） |

# ▌香辣豆腐皮

**材料** 红椒 5 克，豆腐皮 150 克，熟芝麻 3 克

**调料** 葱 8 克，盐 3 克，生抽、红油各 10 克

**做法**

① 将豆腐皮用清水泡软切块，入热水焯熟；葱洗净切末；红椒洗净切丝。

② 将盐、生抽、红油、熟芝麻拌匀，淋在豆腐皮上，撒上红椒、葱即可。

# ▌香油豆腐皮

**材料** 红椒少许，香油 10 克，豆腐皮 150 克

**调料** 盐 3 克，香菜、生抽各 5 克，葱适量

**做法**

① 豆腐皮用水洗净，切成小块；红椒洗净，切成丝；葱洗净切段；香菜叶洗净。

② 豆腐皮、红椒入沸水中焯熟，沥干装盘。

③ 加盐、葱段、香油、香菜叶、生抽拌匀即可。

# 千层豆腐皮

材料 豆腐皮 500 克，熟芝麻、葱花各适量

调料 盐 4 克，味精 2 克，酱油、红油各 10 克

做法

①豆腐皮洗净切块，放入开水中稍烫，捞出，沥干水分备用。

②用盐、味精、酱油、熟芝麻、红油调成味汁，豆腐皮泡在味汁中；将豆腐皮一层一层叠好放盘中，最后撒上葱花即可。

# 淮扬扣三丝

材料 豆腐皮 200 克，香菇、金针菇、午餐肉各 80 克，上海青适量，鸡汤 600 克

调料 盐 2 克，红椒丝少许

做法

①香菇洗净，去柄留菌盖；豆腐皮、午餐肉均切丝。

②锅内加鸡汤烧沸，放入香菇、豆腐皮、金针菇、午餐肉、上海青煮熟，加盐调味，捞起摆盘，汤倒入碗内，撒上红椒丝即可。

# 腐皮上海青

材料 腐皮 70 克，上海青 80 克

调料 盐 5 克，老抽 10 克

做法

①上海青择洗干净，取其最嫩的部分，放在盐水中焯烫，装入盘中；腐皮用水浸透后卷起。

②炒锅上火，加油烧至五成热，加入腐皮、老抽，炸至腐皮金黄色时出锅。

③将腐皮整齐地码在上海青上即可。

# 豆皮千层卷

**材料** 熟豆皮 200 克，葱 50 克，青椒适量

**调料** 豆豉酱适量

**做法**

① 熟豆皮切片；葱洗净，切段；青椒去蒂洗净，分别切圈、切丝。

② 将葱段、青椒丝用豆皮包裹，做成豆皮卷，再将青椒圈套在豆皮卷上，摆好盘。

③ 配以豆豉酱食用即可。

# 香辣豆腐皮

**材料** 豆腐皮 400 克，熟芝麻少许

**调料** 盐 3 克，味精 1 克，醋 6 克，老抽 10 克，红油 15 克，葱少许

**做法**

① 豆腐皮洗净，切正方形片；葱洗净切花；豆腐皮入水焯熟；盐、味精、醋、老抽、红油调成汁，浇在每片豆腐皮上。

② 再将豆腐皮叠起，撒上葱花，斜切开装盘，撒上熟芝麻即可。

# 腊肉煮腐皮

**材料** 腊肉、虾仁各 100 克，豆腐皮 200 克，萝卜 20 克，土豆 30 克，红椒、青椒各 10 克

**调料** 盐 5 克，料酒 10 克，鸡精 2 克，香菜少许

**做法**

① 原材料处理干净切好。

② 热锅入油，放腊肉炒至出油，放入豆腐皮、萝卜丝、土豆丝、青椒、红椒、虾仁，稍翻炒，烹入料酒、鸡精、盐，加适量水煮熟，撒上香菜即可。

# 第 6 部分
# 生肌健力
# 养生蛋类

蛋类营养丰富，价格便宜，烹制方便，是大众饭桌上常见的食材。蛋类含有蛋白质、脂肪、卵黄素、卵磷脂、维生素和铁、钙、钾等人体所需的矿物质，是婴幼儿、孕产妇、病人营养补给的最佳来源。以下是一些蛋类的美味菜式，做法简单，相信你能用最简单的烹调方法做出最营养的佳肴。

# 鸡蛋

### ◆食疗功效：

1. 提神健脑：鸡蛋黄中的甘油三醋和卵黄素，对人体的神经系统发育有很好的作用，可增强记忆力。

2. 补血养颜：鸡蛋中的铁含量尤其丰富，有补血养颜的功效。

3. 增强免疫力：鸡蛋黄中的卵磷脂可提高血浆蛋白量，增强免疫功能。

4. 防癌抗癌：鸡蛋中含有较多的维生素 $B_2$，可分解致癌物质。

**选购窍门**
◎将蛋轻轻摇一摇，有响声的可能是变质的。

**储存之道**
◎冷冻保存，把大头朝上可延长保存时间。

**健康提示**
◎肝炎、肾炎、胆囊炎、冠心病患者不宜多吃鸡蛋。

**宜**
鸡蛋 + 干贝（营养丰富）
鸡蛋 + 百合（清心安神）

**忌**
鸡蛋 + 豆浆（降低营养）
鸡蛋 + 茶（影响营养吸收）

# 香煎肉蛋卷

**材料** 肉末 80 克，豆腐 50 克，鸡蛋 2 个

**调料** 盐、淀粉、香油各少许，红椒 1 个

**做法**

① 豆腐洗净剁碎；红椒洗净切粒。

② 将肉末、豆腐、红椒装入碗中，加入调味料制成馅料。

③ 平底锅烧热，将鸡蛋打散，倒入锅内，用小火煎成蛋皮，再把调好的馅用蛋皮卷成卷，入锅煎至熟，切段，摆盘即成。

# 洋葱煎蛋饼

**材料** 鸡蛋 1 个，面粉 25 克，洋葱 25 克

**调料** 盐 3 克

**做法**

① 将鸡蛋打入碗中，放入适量面粉搅拌均匀。

② 将洋葱洗净后切成丁，放入搅拌好的蛋液中。

③ 在混合蛋液中加入适量盐拌匀，下入油锅中煎成两面金黄色的蛋饼即可。

# 顺风蛋黄卷

**材料** 猪蹄 1 只，咸鸭蛋、鸡蛋各 2 个

**调料** 白醋、香油、盐各适量

**做法**

① 猪蹄处理干净，去骨肉，只留猪皮。

② 咸鸭蛋煮熟，取蛋黄捣碎；鸡蛋打入碗中，加盐和咸蛋黄搅成蛋液，注入猪皮中，用竹签穿好封口，入蒸笼中蒸 20 分钟，取出。

③ 将蒸好的猪蹄切片，淋上白醋、香油即可。

# 银芽炒鸡蛋

**材料** 鸡蛋 4 个，银芽、粉丝各 10 克

**调料** 盐 2 克，老抽、麻油各 5 克

**做法**

① 粉丝泡发切断；银芽洗净；鸡蛋打入碗内，取出蛋黄装入另一碗内，调入盐拌匀。

② 烧热，下粉丝，加入盐、老抽把粉丝炒干，盛出；净锅上火，油烧热，加入调好的蛋液，炒熟后下粉丝、银芽、麻油拌匀，装盘即可。

# 三鲜水炒蛋

**材料** 鸡蛋、墨鱼片、虾仁、上海青、红椒各少许

**调料** 盐、鲜汤、水淀粉各适量

**做法**

① 鸡蛋搅打成蛋液；墨鱼片、虾仁洗净；上海青洗净；水烧沸时下入鸡蛋液，至蛋液凝固且浮起后，盛出沥水。

② 油烧热，下虾仁、红椒、墨鱼片、上海青，放入鲜汤，用盐调味，用水淀粉勾芡，下入鸡蛋翻匀。

# 虾仁炒蛋

**材料** 虾仁 100 克，鸡蛋 5 个，春菜少许

**调料** 盐、鸡精各 2 克，淀粉 10 克

**做法**

① 虾仁调入淀粉、盐、鸡精入味；春菜去叶留茎，洗净切细片。

② 鸡蛋打入碗中，调入盐拌匀。

③ 锅上火，注少许油烧热，倒入拌匀的蛋液，稍煎片刻，放入春菜、虾仁，略炒至熟，出锅即可。

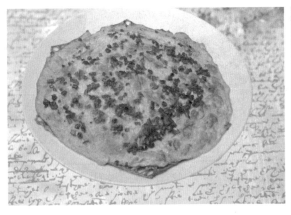

# 酸豆角煎蛋

**材料** 青椒、红椒、酸豆角各50克，鸡蛋100克

**调料** 盐3克

**做法**

① 青椒、红椒、酸豆角均洗净，切粒；鸡蛋磕入碗中，加盐、青椒、红椒和酸豆角拌匀。

② 油锅烧热，倒入拌好的鸡蛋煎成饼状，装盘即可。

# 酱炒香葱鸡蛋

**材料** 酱油15克，鸡蛋100克，葱80克

**调料** 盐3克

**做法**

① 鸡蛋入碗中打散；葱洗净，切段。

② 油锅烧热，下入鸡蛋翻炒片刻，再放入葱段同炒2分钟。调入盐和酱油炒匀即可。

# 香葱火腿煎蛋

**材料** 鸡蛋300克，火腿肠50克，香葱10克

**调料** 盐3克，胡椒粉适量

**做法**

① 火腿肠去肠衣，切成小丁；香葱洗净，切成花。

② 将鸡蛋打入碗中，加入切好的火腿肠丁及葱花搅拌均匀，再加入盐和胡椒粉拌匀。

③ 油烧热，倒入蛋液，煎至鸡蛋两面金色时，出锅切块即可。

# 时蔬煎蛋

**材料** 洋葱丁、节瓜丁、胡萝卜丁、蘑菇丁、鸡蛋各适量

**调料** 胡椒粉、盐各3克

**做法**

① 鸡蛋打散，加盐、胡椒粉搅匀；油烧热，倒入所有蔬菜丁炒软，盖上锅盖焖一下。

② 打开锅盖，将蔬菜丁拨至锅边，在空出来的地方再倒入油，放鸡蛋稍煎，再拌入蔬菜丁煎成饼状；将蛋饼切块即可。

# 双色蒸水蛋

**材料** 鸡蛋 2 个，菠菜适量

**调料** 盐 3 克

**做法**

① 将菠菜洗净后切碎。

② 取碗，用盐将菠菜腌渍片刻，用力揉透至出水。

③ 再将菠菜叶中的汁水挤干净。

④ 鸡蛋打入碗中拌匀加盐，再分别倒入鸳鸯锅的两边，在锅一侧放入菠菜叶，入锅蒸熟即可。

# 阳春白雪

**材料** 鸡蛋、火腿、红椒各适量

**调料** 盐 5 克

**做法**

① 火腿切粒；红椒洗净切粒。

② 鸡蛋取蛋清，用打蛋器打至起泡呈芙蓉状，待用。

③ 油锅烧热，下入芙蓉蛋稍炒盛出；原锅上火注油，下火腿粒、红椒粒，加盐炒熟，撒在蛋上即可。

# 特制三色蛋

**材料** 皮蛋、咸蛋黄、鸡蛋各 2 个

**调料** 盐 1 克，香油 8 克

**做法**

① 皮蛋剥壳，对切，同咸蛋黄一起放入方形容器中；另取一碗，打入鸡蛋，加盐、清水搅拌成液后倒入方形容器中。

② 将容器放入蒸锅蒸 10 分钟取出，切片装盘，淋上香油即可。

# 鸡蛋包三宝

**材料** 虾仁、胡萝卜、芹菜梗各 50 克，鸡蛋 1 个

**调料** 盐 3 克

**做法**

① 将虾仁、胡萝卜、芹菜梗洗净均切丁。

② 鸡蛋打入碗中，搅拌均匀，加入适量盐调味，将鸡蛋液入油锅摊成蛋皮。

③ 锅中油烧热，将虾仁、胡萝卜、芹菜梗炒熟，加盐调味后放入蛋皮中包好即可。

# 龙眼丸子

**材料** 鸡蛋 200 克，猪肥瘦肉 250 克，香菇 10 克

**调料** 盐、姜、葱、香油、水淀粉、酱油各适量

**做法**

① 猪肥瘦肉洗净，剁成肉泥；姜、葱、香菇均洗净剁碎，和肉泥装碗中，加水淀粉、盐、香油、水搅拌至胶状。

② 鸡蛋煮熟去壳，用肉泥包裹均匀，炸至表面金黄，捞出；油烧热，入炸好的丸子翻炒，加水煮开，加酱油调味，出锅对切。

# 萝卜丝蛋卷

**材料** 鸡蛋 2 个，白萝卜 100 克，剁椒适量

**调料** 盐 3 克，红油 8 克，姜片、蒜蓉各少许

**做法**

① 白萝卜去皮，洗净切丝。

② 鸡蛋打散，加盐搅匀；油烧热，将鸡蛋液煎成蛋皮，上面铺萝卜丝，一边煎，一边卷起来；煎好的鸡蛋切成条状，码盘中。

③ 油锅烧热，加入剁椒、姜、蒜炒香，盛在鸡蛋卷上，最后淋上红油即可。

# 三色蒸蛋

**材料** 土鸡蛋 3 个，咸蛋黄 1 个，皮蛋 1 个

**调料** 盐 5 克，味精 3 克，食用油 5 克

**做法**

① 将鸡蛋打散，加 150 毫升水，和盐、味精一起搅匀。

② 上笼蒸 3 分钟，出笼待用。

③ 皮蛋切片摆于蒸蛋上围边，咸蛋黄放于中间，再淋入食用油即可。

# 蛤蜊蒸水蛋

**材料** 蛤蜊 300 克，鸡蛋 2 个，红椒少许

**调料** 盐 2 克，葱末、蒜蓉各 10 克，生抽少许

**做法**

① 蛤蜊洗净；鸡蛋磕入碗中，加水、盐搅拌成蛋液；红椒洗净，去籽切末。

② 鸡蛋放入蒸锅中蒸 10 分钟，取出；油锅烧热，下蛤蜊炒至断生，加入红椒、蒜蓉同炒至熟，调入盐、生抽，盛在蒸蛋上。

③ 撒上葱末即可。

# 皮蛋豆腐

**材料**　皮蛋1个，豆腐1盒

**调料**　盐4克，味精2克，鸡汤、葱各15克，香油5克，香菜、红椒丝适量

**做法**

① 豆腐取出，切成丁，装入盘中，放入蒸锅蒸熟后取出；葱洗净切花。

② 皮蛋去壳切丁，加葱花、盐、味精、香油拌匀。

③ 将拌好的皮蛋和切好的豆腐装盘摆齐后淋上鸡汤，再撒入适量香菜和红椒丝提味和装饰。

# 葱花蒸蛋羹

**材料**　鸡蛋3个，葱花少许

**调料**　盐适量

**做法**

① 将鸡蛋磕入大碗中打散，加入盐后搅拌调匀，慢慢加入约300毫升温水，边加边搅动。

② 入蒸锅，以小火蒸约10分钟，撒上葱花即可。

# 蛋里藏珍

**材料**　鸡蛋8个，蘑菇3个，袖珍菇、金针菇、西蓝花、鱿鱼、火腿各适量

**调料**　胡椒粉3克，盐5克

**做法**

① 原材料（鸡蛋除外）洗净，切成末状；鸡蛋煮熟，去蛋壳，掏去蛋黄。

② 油烧热，所有原材料（鸡蛋除外）炒熟，放入调料，装入掏空的蛋中，入锅蒸10分钟即可，周围摆上西蓝花作装饰。

# 鹌鹑蛋

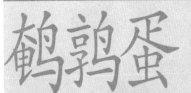

**选购窍门**

◎不要选择陈蛋和有裂缝的鹌鹑蛋。

**储存之道**

◎放于冰箱保存，可保存半个月。

**健康提示**

◎鹌鹑蛋对贫血、营养不良、神经衰弱、血管硬化等病人具有调补作用。

◆**食疗功效：**

1.提神健脑：鹌鹑蛋含有脑磷脂，能改善记忆力和认知能力。

2.补血养颜：鹌鹑蛋含有丰富的铁，有补血养颜的功效。

3.防癌抗癌：鹌鹑蛋中含有维生素 $B_2$、硒、锌等，可防癌。

**宜** 鹌鹑蛋 + 人参（益气助阳）

**忌** 鹌鹑蛋 + 猪肝（降低营养价值）

# 鹌鹑蛋焖鸭

**材料** 鸭肉、鹌鹑蛋各适量，草菇、胡萝卜各少许

**调料** 葱段、姜片、料酒、盐、香油、淀粉各适量

**做法**

1 鸭肉洗净剁块，入沸水汆去血污；草菇洗净；胡萝卜洗净削成小球形；鹌鹑蛋煮熟，剥去蛋壳。

2 锅中油烧热，爆香姜片、葱段，加入鸭肉、草菇、胡萝卜炒熟，调入料酒和盐，加入鹌鹑蛋，用淀粉勾芡，淋入香油即可。

# 茄汁鹌鹑蛋

**材料** 鹌鹑蛋 12 个

**调料** 番茄汁 20 克，盐、淀粉各适量，白糖 3 克

**做法**

1 鹌鹑蛋入沸水中煮熟，捞出后入冷水中浸冷，剥壳。

2 将剥壳的鹌鹑蛋裹上淀粉，入油锅中炸至金黄色，捞出沥油。

3 锅上火，加油烧热，下入西红柿汁，加盐、白糖翻炒至糖溶，加入炸好的鹌鹑蛋，炒至番茄汁裹在鹌鹑蛋上即可。

# 木瓜炖鹌鹑蛋

**材料**　木瓜1个，鹌鹑蛋4个，红枣、银耳各10克

**调料**　冰糖20克

**做法**

① 银耳泡发，洗净撕碎；鹌鹑蛋煮熟，去壳洗净。

② 木瓜洗净，中间挖洞，去籽，放进冰糖、银耳、红枣、鹌鹑蛋，装入盘。

③ 蒸锅上火，把盘放入蒸锅内，蒸约20分钟至木瓜软熟，取出即可。

# 卤味鹌鹑蛋

**材料**　鹌鹑蛋500克

**调料**　盐、桂皮、八角、花椒、红油各适量

**做法**

① 将鹌鹑蛋放入水中煮熟，取出剥去外壳。

② 将八角、桂皮、花椒和鹌鹑蛋一起入锅煮半小时。

③ 将煮好的鹌鹑蛋加入盐、红油一起拌匀即可。

# 鱼香鹌鹑蛋

**材料**　黄瓜、鹌鹑蛋各适量

**调料**　盐、胡椒粉、红油、料酒、生抽、水淀粉各适量

**做法**

① 黄瓜洗净切块；鹌鹑蛋煮熟，去壳放入碗内，再加入黄瓜，调入生抽和盐，入锅蒸10分钟取出。

② 炒锅置火上，加料酒烧开，加盐、红油、胡椒粉，用水淀粉勾薄芡后淋入碗中即可。

# 鸽蛋

◆**食疗功效：**

1. 增强免疫力：鸽蛋蛋白质含量丰富，可增强机体的免疫力。

2. 补血养颜：鸽蛋富含优质磷脂，能改善皮肤弹性和血液循环。

3. 保肝护肾：鸽蛋含铁、钙、维生素，是滋阴补肾的佳品。

**选购窍门**

◎好的鸽蛋外形匀称，表面光洁、细腻、白里透粉。

**储存之道**

◎放于冰箱冷藏。

**健康提示**

◎有贫血、月经不调、气血不足症状的女性宜常吃鸽蛋。

**宜** 鸽蛋＋海参（预防高血压）

**忌** 鸽蛋＋螃蟹（易引起中毒）

# 鸽蛋扒海参

**材料** 水发海参、去壳熟鸽蛋、上海青各80克

**调料** 清鸡汤、绍酒、酱油，盐、水淀粉适量

**做法**

❶海参、上海青均洗净，入盐开水中焯水捞出。

❷油烧热，放海参，加清鸡汤、绍酒、酱油、盐、水淀粉勾芡后装盘；再热油锅，下入鸽蛋炸金色，与上海青围放在海参周围即成。

# 山珍烩鸽蛋

**材料** 滑子菇、平菇、香菇、西蓝花、鸽蛋各适量

**调料** 盐3克

**做法**

❶滑子菇、平菇、香菇、西蓝花均洗净切朵，焯水待用；鸽蛋入开水锅煮熟，去壳。

❷油锅烧热，下入滑子菇、平菇、香菇同炒2分钟，倒入适量清水烧开，再放入鸽蛋同煮，加入西蓝花，调入盐拌匀即可。

第 7 部分

# 健脑美容
# 养生海鲜

海鲜包括淡水鱼、海水鱼、虾、蟹、贝等海产品。鱼肉肉质细嫩鲜美，营养丰富，是一些维生素、矿物质的良好来源，不论是食肉还是喝汤，都清鲜可口，开胃养颜。鱼肉营养价值极高，经研究发现，经常食用鱼类，可以强健体魄，延年益寿。虾、蟹、贝含有丰富的蛋白质和各种微量元素。与肉类相比，它们具有更高的营养价值，对人体更健康。海鲜的烹饪方法多种多样，可凉拌、热炒、蒸煮、煎炸、焖烧，各具风味。

# 鲫鱼

◆ **食疗功效：**

1. 养心润肺：鲫鱼是肝肾疾病、心脑血管疾病患者的良好蛋白质来源。

2. 增强免疫力：鲫鱼含有丰富的蛋白质、脂肪，并含有大量的钙、磷等矿物质，常食可增强抗病能力。

3. 补血养颜：鲫鱼含有丰富的铁能促进血蛋白及各种酶的合成，有补血养颜的功效。

**选购窍门**

◎鲫鱼以河产者为佳，肉厚味鲜。

**储存之道**

◎将鲫鱼整理好注入植物油，油平面以明显高出鱼体为佳。鲫鱼可在常温下较长时间保鲜。

**健康提示**

◎阳虚、内热者不宜食用鲫鱼，易生热而生疮疡者忌食鲫鱼。

**宜** 鲫鱼 + 漏芦 + 钟乳石（下乳汁）
鲫鱼 + 枸杞（润肤养颜）

**忌** 鲫鱼 + 猪肝（降低营养）
鲫鱼 + 芥菜（引发水肿）

# 枸杞鲫鱼汤

**材料** 鲫鱼 400 克，枸杞、野山菌各适量

**调料** 酱油、葱、姜、胡椒、盐各适量

**做法**

❶ 将葱洗净切段；姜洗净切末；鲫鱼去鳞洗净备用。

❷ 锅内注油烧热，下入葱、姜爆香，加水烧开，放入枸杞、野山菌及鱼焖 15 分钟，加入酱油、胡椒和盐即可。

# 豆瓣鲫鱼

**材料** 鲫鱼 2 条，豆瓣酱 25 克

**调料** 盐、料酒、香油、葱末、姜末、蒜蓉、猪肉末、鸡汤、淀粉各适量

**做法**

❶ 鲫鱼处理干净，改菱形花刀，用料酒、盐腌入味，拍上淀粉，放入油锅中炸至金黄色捞出。

❷ 将豆瓣酱及葱末、姜末、蒜蓉、猪肉末炒香，加鸡汤煮开，锅内汤汁打薄芡，加香油，淋在鱼上即成。

# 腊八豆焖鲫鱼

**材料**　鲫鱼 800 克，腊八豆 200 克

**调料**　盐、黄酒、辣椒粉、酱油、味精各适量

**做法**

① 鲫鱼处理干净，用酱油、盐抹匀，腌渍入味。

② 油锅烧热，下鱼煎至两面呈金黄色时，加腊八豆、辣椒粉，煸香，再放黄酒、水，烧开，将鱼翻一次身，最后放入味精即可。

# 豆腐烧鲫鱼

**材料**　鲫鱼、豆腐各适量

**调料**　葱花、花椒粉、豆瓣酱、辣椒粉、姜末、盐、料酒、水淀粉各适量

**做法**

① 鲫鱼处理干净，抹盐。

② 豆腐洗净，切丁；油烧热，下鲫鱼，煎至两面金黄起锅。

③ 油烧热，下豆瓣酱、姜末、辣椒粉炒香，加水烧开，再放鱼、豆腐、料酒同烧；下水淀粉勾芡，撒葱花、花椒粉即可。

# 鲫鱼蒸蛋

**材料**　鲫鱼 800 克，鸡蛋 5 个

**调料**　盐、料酒、姜、青红椒丝、葱丝各适量

**做法**

① 鲫鱼处理干净，在两侧切十字花刀；鸡蛋打散加盐、水，搅匀。

② 炒鲫鱼用盐、料酒、姜腌渍半小时；把鲫鱼放在盛有鸡蛋液的碗中，加青、红椒丝、植物油，放入蒸锅中蒸 10 分钟。

③ 最后用热油淋在蒸好的鲫鱼上，撒上葱丝即可。

# 草鱼

◆食疗功效:

1. 养心润肺:草鱼含有丰富的不饱和脂肪酸,是心血管病人的良好食物。

2. 防癌抗癌:草鱼含有丰富的硒元素,经常食用对肿瘤有一定的改善作用。

3. 开胃消食:对于食欲不振的人来说,草鱼肉可以开胃消食。

**选购窍门**

◎看鱼眼,饱满凸出、角膜透明清亮的是新鲜鱼。

**储存之道**

◎在草鱼的鼻孔里滴一两滴白酒,然后把鱼放在通气的篮子里,上面盖一层湿布,在2~3天内鱼不会死去。

**健康提示**

◎草鱼不宜大量食用,若吃得太多,有可能诱发各种疮疥。

宜　草鱼 + 豆腐(预防冠心病)
　　草鱼 + 苹果(补肾益肝)

忌　草鱼 + 止咳药(降低药效)
　　草鱼 + 甘草(易引起中毒)

# 清蒸草鱼

**材料** 草鱼 400 克

**调料** 盐5克,鸡精3克,酱油5克,姜丝10克,葱丝30克,花生油适量

**做法**

① 草鱼处理干净,划斜刀花。

② 用盐、花生油抹匀鱼的里外,将葱丝、姜丝分别填入和码在鱼肚上,放入蒸锅中,大火蒸8分钟。

③ 锅中放油烧热,加入鸡精、酱油调成味汁,浇在鱼身上即可。

# 野山椒蒸草鱼

**材料** 草鱼1条,野山椒100克,红椒适量

**调料** 盐3克,味精2克,剁椒、葱花、葱白段、香菜段、料酒、辣椒面、香油各适量

**做法**

① 草鱼处理干净剁成小块,用盐、辣椒面、料酒腌渍入味后装盘。

② 将野山椒、剁椒、葱花、葱白段、香菜段、红椒丝撒在鱼肉上,用大火蒸熟,关火后等几分钟再出锅,淋上香油即可。

# 西湖醋鱼

**材料** 草鱼 600 克

**调料** 蒜末、淀粉各适量，酱油 10 克，料酒 20 克，胡椒粉、姜汁各 3 克，醋 20 克，盐 5 克

**做法**

① 草鱼处理干净，加入料酒、盐、姜汁，蒸 20 分钟后取出。

② 将蒸鱼的汤汁滤入炒锅内，加酱油、盐、胡椒粉、料酒、醋调成味汁。

③ 味汁烧开后用水淀粉增稠，撒上蒜末浇在鱼上即可。

# 秘制香辣鱼

**材料** 草鱼 1 条，菜心 100 克，红尖椒块 80 克

**调料** 盐、料酒、豆豉、豆瓣酱、湿淀粉、葱花、蒜末各适量

**做法**

① 将草鱼处理干净，切两半，加盐、料酒、湿淀粉腌渍；菜心洗净，焯水，摆入盘中。

② 油烧热，草鱼用小火煎至鱼身变硬变干，装入盘中。

③ 将红尖椒块、豆豉、豆瓣酱、蒜末煸香，倒在鱼上，撒上葱花即成。

# 油浸鱼

**材料** 草鱼 750 克，白萝卜 100 克，葱段 10 克

**调料** 料酒、香油、姜丝、白砂糖、香菜段、盐、酱油、红椒丝各适量

**做法**

① 草鱼处理干净，用盐、料酒腌渍；白萝卜洗净，去皮切丝。

② 将鱼摆盘，放入姜丝、葱段和白萝卜，倒入适量酱油和白砂糖，入蒸锅蒸熟。

③ 出锅撒上香菜段和红椒丝，淋上香油即可。

# 松子鱼

**材料** 草鱼 1 条，松子 10 克，干淀粉 500 克

**调料** 油 500 克，番茄酱、白糖、白醋、盐适量

**做法**

① 草鱼处理干净，将鱼头和鱼身斩断，于鱼身背部开刀，取出鱼脊骨，将鱼肉改成"象眼"形花刀，拍上干淀粉。

② 下油烧开，将拌有干淀粉的去骨鱼和鱼头放入锅中炸至金黄色捞出。

③ 将番茄酱、白糖、白醋、盐调成番茄汁，和松子一同淋于鱼上即可。

# 鲈鱼

◆**食疗功效：**

1. 补血养颜：鲈鱼含有维生素 A、B 族维生素、钙、镁、锌、硒等营养元素，是补血养颜的佳品。

2. 提神健脑：鲈鱼中富含的 DHA，是增进智力、加强记忆力的必需营养素。

**选购窍门**

◎以鱼身偏青色、鱼鳞有光泽、透亮为好，翻开鳃呈鲜红者、表皮及鱼鳞无脱落的才是新鲜的。

**储存之道**

◎鲈鱼一般使用低温保鲜法，去内脏清洗干净后，吸干表皮水分，用保鲜膜包好，放入冰箱冷冻保存。

**健康提示**

◎皮肤病患者、长肿疮者忌食鲈鱼。

| 宜 | 鲈鱼 + 砂仁（安胎） |
| | 鲈鱼 + 木瓜（健脾消食） |
| 忌 | 鲈鱼 + 乳酪（生胸瘤症） |
| | 鲈鱼 + 荆芥（易致中毒） |

# 鱼丸蒸鲈鱼

**材料** 鲈鱼 500 克，鱼丸 100 克

**调料** 盐、酱油各 4 克，葱丝 10 克，姜丝 8 克

**做法**

①鲈鱼处理干净；鱼丸洗净，在开水中烫一下，捞出。

②用盐抹匀鱼的里外，将葱丝、姜丝填入鱼肚子和码在鱼身上，将鱼和鱼丸一起放入蒸锅中蒸熟；再将酱油浇淋在蒸好的鱼身上即可。

# 清蒸鲈鱼

**材料** 鲈鱼 400 克

**调料** 盐 5 克，酱油 5 克，姜 10 克，葱白 20 克

**做法**

①鲈鱼处理干净，用刀在鱼身两侧划几道斜刀花；姜洗净，切丝；葱白洗净，切丝。

②用盐抹匀鱼的里外，然后将葱白丝、姜丝分别填入和码在鱼肚上，放入蒸锅中，大火蒸 10 分钟。

③将鸡精、酱油调匀，浇淋在鱼身上即可。

# 酸汤鲈鱼

**材料** 鲈鱼 500 克，酸菜 200 克，姜片 25 克，红椒圈少许

**调料** 盐 6 克，料酒、醋、白糖、鸡粉、胡椒粉、食用油各适量

## 食材处理

❶ 把洗净的酸菜切碎。

❷ 处理干净的鲈鱼撒盐抹匀，腌渍约 10 分钟。

**制作指导** 加盖后应转成小火，以免将鲈鱼煮散。

## 制作步骤

❶ 锅注油烧热。

❷ 放入姜片爆香。

❸ 放入鲈鱼，用小火煎约 1 分钟。

❹ 淋入料酒。

❺ 再注入适量的清水。

❻ 加入盐调味。

❼ 盖上盖子，煮约 5 分钟至汤汁呈奶白色。

❽ 开盖，倒入酸菜和红椒圈。

❾ 拌煮约 2 分钟至沸腾。

❿ 加醋、盐、白糖、鸡粉、胡椒粉调味。

⓫ 用汤勺撇掉浮沫，出锅即可。

# 干烧鲈鱼

**材料** 鲈鱼 800 克

**调料** 盐6克，香菜3克，酱油8克，蒜丁、姜丁各10克，料酒、醋、泡椒、香油各15克

**做法**

① 鲈鱼处理干净，在鱼身上打花刀，加盐、酱油腌渍入味。

② 油锅烧热，下鲈鱼炸至金黄色盛出，加泡椒、蒜丁、姜丁煸出香味，放入炸好的鱼，加入盐、醋、酱油、料酒，熟时，撒上香菜，淋入香油即可。

# 功夫鲈鱼

**材料** 鲈鱼 600 克，菜心 150 克，青红椒圈、泡椒各 100 克

**调料** 盐6克，味精2克，酱油8克，料酒20克

**做法**

① 鲈鱼处理干净，切块；菜心洗净。

② 青红椒圈、泡椒加盐、味精、酱油、料酒腌渍；菜心焯水，捞出，放在盘里。

③ 油锅烧热，放鲈鱼块，加盐、料酒滑熟，倒上青红椒、泡椒，盛盘即可。

# 土豆烧鲈鱼

**材料** 土豆、鲈鱼各 200 克，红椒、姜各少许

**调料** 盐、味精、胡椒粉、酱油、葱各适量

**做法**

① 土豆去皮，洗净切块；鲈鱼处理干净，切大块，用酱油稍腌。

② 将土豆、鱼块入烧热的油中炸熟，至土豆炸至紧皮时捞出待用。

③ 锅置火上加油烧热，爆香葱、姜、红椒，下入鱼块、土豆和盐、味精、胡椒粉，烧入味即可。

# 鳜鱼

◆食疗功效:

1. 开胃消食:鳜鱼肉质细嫩,极易消化,最适合儿童、老人及体弱、脾胃消化功能不佳的人。

2. 补血养颜:鳜鱼富含蛋白质、维生素A、钙、磷、铁、尼克酸等,有补血养颜的功效。

3. 防癌抗癌:鳜鱼含有维生素 $B_2$,可分解和氧化人体内的致癌物质。

**选购窍门**

◎用手指按压鱼体有硬度及弹性,手抬起后肌肉迅速复原的为新鲜鱼。

**储存之道**

◎将鱼洗净后,放入冰箱冷藏即可。

**健康提示**

◎肾功能衰竭者不宜多食鳜鱼,哮喘、咳血的病人不宜食用鳜鱼。

| 宜 | 鳜鱼 + 胡萝卜(营养丰富) |
| | 鳜鱼 + 桂花(益气血、健脾胃肠) |
| 忌 | 鳜鱼 + 甘草(易引起中毒) |
| | 鳜鱼 + 干枣(令人腰腹作痛) |

# 干烧鳜鱼

**材料** 鳜鱼 800 克,胡萝卜 200 克

**调料** 盐、葱花、酱油、葱白段、蒜丁各适量

**做法**

①鳜鱼处理干净,用刀在鱼身两侧斜切上花刀,抹上盐、酱油腌渍;胡萝卜洗净,切丁。

②油锅烧热,下鳜鱼煎至两面呈黄色,加蒜丁、葱白段、盐,煸出香味,下胡萝卜丁炒熟,撒上葱花即可。

# 清蒸鳜鱼

**材料** 鳜鱼 800 克,青、红椒丝各 10 克

**调料** 姜丝 25 克,葱丝 20 克,酱油 10 克,盐 5 克,香菜 10 克

**做法**

①鳜鱼处理干净,用盐抹匀鱼的里外;香菜洗净,切段备用。

②葱丝、姜丝放进鱼的肚子里,葱丝、姜丝及青、红椒丝码放在鱼肚上,入蒸锅蒸 8 分钟,将酱油调匀,浇淋在鱼身上,撒上香菜即可。

# 甲鱼

## ◆ 食疗功效：

1. 增强免疫力：甲鱼中的维生素 A 对提高机体免疫力有着重要作用。

2. 降低血脂：甲鱼含有的蛋氨酸能参与胆碱的合成，具有去脂的功能，还能预防动脉硬化。

3. 防癌抗癌：甲鱼肉及提取物能有效预防和抑制急性淋巴性白血病等癌症。

**选购窍门**

◎ 好的甲鱼动作敏捷，腹部有光泽，肌肉肥厚，裙边厚而向上翘，体外无伤病痕迹。

**储存之道**

◎ 甲鱼宜用清水活养。

**健康提示**

◎ 脾虚、胃口不好、孕妇及产后泄泻者不宜食用甲鱼。

| 宜 | 甲鱼＋冬瓜（多种功效） |
| | 甲鱼＋山药（多种功效） |
| 忌 | 甲鱼＋桃子（腹泻） |
| | 甲鱼＋芹菜（食物中毒） |

# 红烧甲鱼

**材料** 甲鱼 1500 克

**调料** 盐、酱油、蒜头、姜末、葱白段、葱花、糖、料酒、上汤各适量

**做法**

① 甲鱼处理干净切块；蒜头去皮备用。

② 油锅烧热，倒入葱白段、姜末、蒜头爆香，烹入酱油、料酒，加入上汤、清水，下入甲鱼块大火烧开，撇去浮沫。

③ 下入盐、糖继续烧至甲鱼熟烂，撒上葱花即可。

# 枸杞蒸甲鱼

**材料** 甲鱼 300 克，枸杞 30 克，排骨 100 克

**调料** 盐、味精、酱油、辣椒各适量

**做法**

① 将甲鱼处理干净；排骨洗净，剁成块；枸杞洗净；将甲鱼用枸杞、排骨、盐、味精、酱油、辣椒腌渍备用。

② 蒸锅置于火上，再将腌好的甲鱼放入蒸锅内。

③ 隔水蒸至熟烂即可。

# 带鱼

# 烤带鱼

**材料** 带鱼 400 克

**调料** 烧烤汁 30 克，色拉油 20 克，红椒粉 5 克，胡椒粉 3 克，盐 5 克

**做法**

① 带鱼处理干净，切成块状，撒上少许盐腌 30 分钟。

② 将带鱼放进盘中，调入烧烤汁、色拉油、红椒粉、胡椒粉，用高温烤 6 分钟，再翻面烤 5 分钟即成。

# 家常烧带鱼

**材料** 带鱼 800 克

**调料** 盐 5 克，葱白、料酒、蒜、淀粉、香油各少许

**做法**

① 带鱼处理干净，切块；葱白洗净，切段；蒜去皮，切片备用。

② 带鱼加盐、料酒腌渍 5 分钟，再抹一些淀粉，下入油锅中炸至金黄色。

③ 添入水，烧熟后，加入葱白、蒜片炒匀，以水淀粉勾芡，淋上香油即可。

# 鳝鱼

◆**食疗功效：**

1. 提神健脑：鳝鱼中的卵磷脂能够改善记忆力，具有补脑的功效，对改善压力造成的记忆力与注意力退化有益。

2. 增强免疫力：鳝鱼中所含的钾有增强免疫力的功效。

3. 降低血糖：鳝鱼肉所含的鳝鱼素能降低血糖和调节血糖，对糖尿病有较好的改善作用。

**选购窍门**

◎要选动作灵活，无斑点、溃疡，粗细均匀的鳝鱼。

**储存之道**

◎鳝鱼宜现杀现烹，死鳝鱼体内会产生有毒物质。

**健康提示**

◎瘙痒性皮肤病、红斑狼疮患者及肠胃不佳者忌食鳝鱼。

| 宜 | 鳝鱼＋莲藕（维持酸碱平衡）<br>鳝鱼＋青椒（降血糖） |
| 忌 | 鳝鱼＋皮蛋（伤身）<br>鳝鱼＋狗肉（伤肝） |

# 辣烩鳝丝

**材料** 鳝鱼 300 克，红椒、青椒各 20 克

**调料** 盐 3 克，蒜 25 克，葱 15 克，辣椒油适量

**做法**

① 将鳝鱼处理干净，切丝；红椒、青椒、蒜、葱洗净，切碎。

② 锅中油烧热，放入红椒、青椒、蒜、葱爆香。

③ 再放入鳝鱼，调入盐、辣椒油炒熟，即可。

# 酒城辣子鳝

**材料** 鳝鱼、熟花生米、熟芝麻、青红椒各适量

**调料** 盐、酱油、白醋、料酒、干红椒各适量

**做法**

① 鳝鱼处理干净，切段，加盐、料酒腌渍；干红椒洗净，切段；青、红椒均洗净，切条。

② 油锅烧热，入鳝段炸熟，放入干红椒、青椒、红椒煸炒出香味。

③ 加入熟花生米同炒片刻，调入盐、酱油、白醋炒匀，撒上熟芝麻即可。

# 泡椒鳝段

材料　鳝鱼 600 克，黄瓜 300 克，泡椒 80 克

调料　盐 4 克，酱油 8 克，姜末、料酒各 15 克

做法

① 鳝鱼处理干净，切段，汆水后，捞出沥干；黄瓜去皮，洗净切段。

② 油锅烧热，放入姜末、泡椒，煸炒出香味，放入鳝鱼，加盐、料酒、酱油，翻炒均匀。

③ 熟时，淋明油出锅，黄瓜装盘，码好造型即可。

# 葱油炒鳝蛏

材料　鳝鱼、蛏子各 200 克，葱白段、蒜薹段各 150 克

调料　盐、味精、生抽、料酒、糖、红椒各适量

做法

① 鳝鱼处理干净，切段；蛏子去壳，洗净。

② 油锅烧热，放入鳝鱼、蛏子，大火爆炒，加盐、生抽、糖、料酒，翻炒均匀。

③ 倒入蒜薹段、红椒，炒匀，熟时，加味精、葱白段，炒匀即可。

# 椒香鲜鳝

材料　鳝鱼 250 克，红、青椒各 25 克

调料　盐 3 克，花椒 40 克，辣椒油适量

做法

① 将鳝鱼处理干净切片；红椒、青椒洗净，切碎；花椒洗净。

② 锅中水烧沸，放入鳝鱼片汆烫片刻，捞起；另起锅，烧热油，放入红椒、青椒、花椒，爆香。

③ 再入鳝鱼片，调入盐、辣椒油，炒熟即可。

# 富贵虾爆鳝

材料　大黄鳝 500 克，青红尖椒、大虾仁各 5 个

调料　辣酱、麻油、蚝油、糖、淀粉各适量

做法

① 将黄鳝洗净，切片；虾仁洗净切粒；青红尖椒洗净切丁。

② 将黄鳝拍上淀粉，炸至表皮脆硬；虾仁加淀粉、水上浆后入油锅滑熟。

③ 将黄鳝、虾仁、青红椒一起下油锅炒熟，调入辣酱、麻油、蚝油、糖炒匀即可。

**◆食疗功效：**

1. 防癌抗癌：黄鱼中含微量元素硒，能够清除人体代谢中的废弃自由基，能有效预防癌症。

2. 增强免疫力：黄鱼中含有多种氨基酸，有增强免疫力、改善机能的作用。

3. 补血养颜：黄鱼含有丰富的微量元素和维生素，对人体有很好的补益作用，有很好的补血功效。

**选购窍门**

◎选购黄鱼时要注意鱼体的颜色，呈黄白色的黄鱼较为新鲜。

**储存之道**

◎黄鱼要摆放在冰水里保存。

**健康提示**

◎胃呆痰多者、哮喘病人、过敏体质者慎食黄鱼。

**宜**　黄鱼＋苹果（营养全面）
　　　黄鱼＋豆腐（促进钙的吸收）

**忌**　黄鱼＋荞麦面（影响消化）
　　　黄鱼＋毛豆（破坏维生素吸收）

# 豆腐蒸黄鱼

**材料** 黄鱼 800 克，豆腐 300 克

**调料** 盐 4 克，干椒圈、葱丝各 3 克，豉油、黄酒、葱油各适量

**做法**

❶黄鱼处理干净切块，加入盐、黄酒抓匀；豆腐洗净，切大块。

❷将黄鱼放在豆腐上，撒上葱丝、干椒圈，入蒸笼蒸 5 分钟，取出蒸好的鱼，浇上豉油，再淋上烧至八成热的葱油即可。

# 小葱黄花鱼

**材料** 小葱 50 克，黄花鱼 200 克，红椒 30 克

**调料** 盐 5 克，味精 3 克

**做法**

❶小葱洗净，切段；红椒洗净，切圈；黄花鱼处理干净，加少许盐腌 20 分钟。

❷油锅烧热，放入黄花鱼煎至两面金黄，下入葱段、红椒翻炒。

❸至熟后，加入味精炒匀即可。

# 家常黄花鱼

**材料** 黄花鱼 1 条

**调料** 醋、酱油、料酒各 5 克，白糖 6 克，盐 3 克，葱花、姜末各 10 克，蒜末 5 克

**做法**

① 黄花鱼洗净。

② 锅中注入油烧热，放入葱花、姜末、蒜末炒香，加入水、料酒，放入黄花鱼，加入其他调味料，炖 15 分钟至入味即可。

# 泡椒黄鱼

**材料** 黄鱼 600 克

**调料** 豆瓣酱、盐各 5 克，香油、红油各少许，泡椒 20 克，葱花、姜末、料酒各 15 克

**做法**

① 黄鱼处理干净，在鱼身两侧切上花刀，用盐腌一下。

② 油锅烧热，放豆瓣酱、姜末煸出香味，放黄鱼煎至两面金黄，再加泡椒、红油、料酒及少许水焖干，撒入葱花，淋上香油即可。

# 红烧大黄鱼

**材料** 大黄鱼 600 克

**调料** 料酒、酱油、盐、葱花、姜末、淀粉、糖、香油各少许

**做法**

① 大黄鱼处理干净，鱼身上打一字花刀，加料酒、盐腌渍入味。

② 油烧热，放姜末煸香，放入大黄鱼煎熟，加料酒、盐、糖、酱油、清水，焖至鱼熟，改大火收汁，以水淀粉勾芡，撒上葱花，淋上香油即可。

# 风味黄花鱼

**材料** 黄花鱼 800 克，香菇、笋片各适量

**调料** 盐、高汤、淀粉、料酒、醋、酱油各适量

**做法**

① 黄花鱼处理干净，在鱼的两侧切上一字花刀，用盐、料酒抹匀鱼的里外，备用。

② 油锅烧热，放黄花鱼，加盐、醋、酱油、料酒，煎至上色。

③ 锅中放入少许高汤，放入香菇和笋片，大火煮熟收汁，勾芡后装盘，撒上葱花即可。

# 鱿鱼

◆ **食疗功效：**

1. 补血养颜：鱿鱼含有丰富的铁，有良好的补血作用。

2. 增强免疫力：鱿鱼丰富的蛋白质中含有多种氨基酸，它能显著提高人体自身免疫力。

3. 防癌抗癌：鱿鱼中的微量元素硒，能够清除人体代谢中的废弃自由基，能有效预防癌症，延缓衰老。

# 酸辣鱿鱼卷

**材料** 鱿鱼 350 克

**调料** 葱段、姜片、红椒段、蒜片、泡椒节、豆瓣酱、料酒、醋、白糖、淀粉各适量

**做法**

① 鱿鱼洗净，切块，汆水；将料酒、醋、白糖、淀粉和少许清水调成味汁。

② 油锅烧热，下红椒、姜片、葱段、蒜片、豆瓣酱和泡椒节炒出香味，加入鱿鱼卷略炒，倒入味汁，出锅装盘即可。

# 韭菜鱿鱼须

**材料** 鱿鱼须、韭菜各 200 克，红椒丝少许

**调料** 盐、生抽、姜末、蚝油各适量

**做法**

① 鱿鱼须、韭菜洗净，切段。

② 鱿鱼须汆水，捞出沥水；油锅烧热，放入姜末爆锅，加入红椒丝、韭菜煸炒 1 分钟。

③ 再放入鱿鱼须，调入蚝油、生抽、盐翻炒片刻即可出锅。

# 碧绿鲜鱿鱼

**材料** 鱿鱼300克,西蓝花200克,葱段、胡萝卜片、青椒片、红椒片、姜片各少许

**调料** 盐4克,味精3克,料酒15毫升,鸡粉、生粉、水淀粉、食用油各适量

**制作指导** 西蓝花焯水后用凉开水冲洗再摆盘,其色泽会更翠绿。

## 食材处理

❶ 将洗净的鱿鱼划成两半,打上网格刀花,再切成片。

❷ 鱿鱼须切成小段。

❸ 洗净的西蓝花切成小朵。

❹ 将切好的鱿鱼放入碗中,放入姜片。

❺ 再加入料酒、盐、味精、生粉拌匀,腌至入味。

❻ 锅中注入适量清水,放入少许食用油,加盐、鸡粉,烧至沸。

## 制作步骤

❶ 锅中倒入食用油,烧热。

❷ 倒入葱段、胡萝卜片、青椒片、红椒片再倒入鱿鱼。

❸ 淋入料酒。

❼ 倒入西蓝花煮至熟。

❽ 捞出沥干水。

❾ 放盘中摆好。

❹ 翻炒至熟透。

❺ 加盐、味精调味。

❻ 用水淀粉勾芡。

❿ 另起锅,注水烧沸,放入腌好的鱿鱼。

⓫ 汆至断生后捞出沥水。

❼ 翻炒至入味。

❽ 盛入盘中,摆好即成。

# 武昌鱼

◆**食疗功效：**

1. 降低血脂：武昌鱼含有多种氨基酸，其中有一种叫牛磺酸的氨基酸，对降低血脂有一定的作用。

2. 开胃消食：武昌鱼肉的纤维短、柔软，容易被消化。

3. 降低血压：武昌鱼蛋白含量高、胆固醇含量低，经常食用对低血糖、高血压和动脉硬化等患者有食疗作用。

**选购窍门**

◎新鲜的武昌鱼的眼球饱满凸出，角膜透明清亮，富有弹性。

**储存之道**

◎活鱼可贮存在洁净、无异味的水泥池或水族箱等水体中充氧暂养。

**健康提示**

◎患有慢性痢疾之人忌食武昌鱼。

| 宜 | 武昌鱼 + 豆腐（润肺补气） |
| | 武昌鱼 + 蒜薹（增强免疫） |
| 忌 | 武昌鱼 + 干枣（腰腹作痛） |

# ▌清蒸武昌鱼

**材料** 武昌鱼 800 克，火腿片 30 克

**调料** 盐 5 克，胡椒粉、料酒、姜片、葱丝、鸡汤各少许

**做法**

① 武昌鱼处理干净，在鱼身两侧剞上花刀，撒上盐、料酒腌渍。

② 用油抹匀鱼身，将火腿片与姜片置其上，上笼蒸15 分钟；锅中下鸡汤烧沸，浇在鱼上，撒胡椒粉、葱丝即成。

# ▌葱香武昌鱼

**材料** 风干的武昌鱼 600 克

**调料** 盐、味精各 2 克，葱花 6 克，干辣椒段 10 克，豆豉 15 克

**做法**

① 将风干的武昌鱼浸泡 8 分钟，取出切成条状，拼成鱼形，装入盘内。

② 将豆豉、干辣椒段炒香，加盐、味精调味，淋在鱼上；鱼上火蒸约 6 分钟，取出。

③ 撒上葱花，淋上热油即可。

# 虾

**◆食疗功效：**

1. 提神健脑：虾中含有较多的B族维生素和锌，可改善记忆力。

2. 增强免疫力：虾中含有较多的矿物质，可以增强人体的免疫功能。

3. 补血养颜：虾含有的铁可协助氧的运输，预防缺铁性贫血，有很好的补血功效。

**选购窍门**

◎新鲜的虾头尾完整，紧密相连，虾身较挺，有一定的弯曲度。

**储存之道**

◎鲜虾可先氽水后储存，即在入冰箱储存前，先用开水或油氽一下，可使虾的红色固定，鲜味持久。

**健康提示**

◎凡有疮瘘宿疾者或在阴虚火旺时，不宜吃虾。

 **宜** 虾+韭菜+鸡蛋（滋补阳气）
虾+豆腐（滋补身体）

 **忌** 虾+红枣（可能引起中毒）
虾+南瓜（导致痢疾）

# ▌青红椒炒虾仁

**材料** 虾仁200克 青椒100克 红椒100克 鸡蛋1个

**调料** 味精2克 盐3克 胡椒粉5克 淀粉10克

**做法**

1. 青、红椒洗净，切丁备用；鸡蛋打散，搅拌成蛋液。

2. 虾仁洗净，放入鸡蛋液、淀粉、盐码味后过油，捞起待用。

3. 锅内留少许油，下青、红椒炒香，再放入虾仁翻炒入味，起锅前放入胡椒粉、味精、盐调味即可。

# ▌抓炒虾仁

**材料** 虾仁200克，西红柿适量

**调料** 盐2克，五香粉、生抽、姜、淀粉各适量

**做法**

1. 淀粉加水调糊；虾仁洗净，放入淀粉糊中上浆；姜去皮洗净，切丝；西红柿洗净，切片摆盘。

2. 起油锅，放入虾仁炸至变色，捞起控油；另起油锅，下姜丝爆香，倒入虾仁翻炒至熟，加盐、五香粉、生抽调味，起锅装盘即可。

# 韭菜炒虾仁

**材料** 韭菜、虾仁各 200 克

**调料** 味精 3 克，盐、姜各 5 克

**做法**

① 韭菜洗净后切成段；虾仁处理干净；姜洗净后切片。

② 锅上火，加油烧热，下入虾仁炒至变色。

③ 再加入韭菜段、姜片，炒至熟软后，调入盐、味精即可。

# 草菇虾仁

**材料** 虾仁 300 克，草菇 150 克，胡萝卜片、葱段各适量

**调料** 蛋白、盐、淀粉各 3 克，胡椒粉、料酒各适量

**做法**

① 虾仁，洗净。

② 草菇洗净，焯烫。

③ 油烧热，放入虾仁炸至变红时捞出，余油倒出，另用油炒葱段、胡萝卜片和草菇，然后将虾仁回锅，加入蛋白、盐、胡椒粉、料酒同炒至匀，用淀粉勾芡盛出即可。

# 鲜虾芙蓉蛋

**材料** 鲜虾 200 克，鸡蛋 2 个

**调料** 盐 3 克，葱 20 克

**做法**

① 将鲜虾处理干净，取出虾仁，切丁，用盐稍腌入味；葱洗净切碎。

② 将鸡蛋打入碗中，调入盐，打散。

③ 将蛋液放入微波炉中，加热至半熟，取出。

④ 接着将虾仁、葱花放入取出的碗中，包上保鲜膜，再放入微波炉中高火加热 1 ~ 2 分钟即可。

# 西蓝花虾仁

**材料** 西蓝花 250 克，虾仁 150 克

**调料** 葱 15 克，姜 10 克，料酒 10 克，盐 6 克，味精 3 克

**做法**

① 葱洗净切段；姜洗净切片；西蓝花洗净，切小朵；虾仁洗净，加料酒、盐及葱、姜调匀腌渍，拣出葱、姜。

② 虾仁与西蓝花放碗中，加油、盐及味精，入微波炉加热至熟即成。

# 椒盐虾仔

**材料** 虾仔 300 克，辣椒面 20 克

**调料** 葱、姜、蒜、盐各 5 克，五香粉、生抽各 3 克

**做法**

① 将虾仔处理干净；葱洗净切圈；姜洗净切末；蒜洗净剁蓉。

② 将虾仔下入八成热的油温中炸干水分，捞出。

③ 将辣椒面、盐、五香粉制成椒盐，下入虾仔中，加入葱、姜、蒜、生抽炒匀即可。

# 蒜蓉虾干蒸娃娃菜

**材料** 娃娃菜 500 克，虾干 100 克，蒜 100 克

**调料** 香油 20 克，盐 5 克，味精 5 克

**做法**

① 娃娃菜洗净对切成多份，放进沸水中焯熟，捞出控干水，装盘摆好。

② 蒜去皮，剁成蓉；虾干洗净，备用。

③ 炒锅烧热加油，下蒜蓉、虾干、盐、味精，爆香，倒入焯熟的娃娃菜上，上锅蒸 10 分钟，至熟后，取出，淋上香油即可。

# 茶香辣子虾

**材料** 虾 150 克，茶叶 40 克，花生米 30 克，鸡蛋 1 个，红椒、青椒、干红椒、淀粉各适量

**调料** 生抽 5 克，盐 3 克

**做法**

① 将鸡蛋与淀粉搅成蛋糊；虾处理干净，裹上蛋糊；茶叶泡发；红椒、干红椒洗净切圈；青椒洗净切丝。

② 将虾炸熟。

③ 原锅烧热，下红椒、青椒、干红椒及茶叶炒香，加虾、花生米和调味料炒匀即可。

# 西湖小炒

**材料** 雀胗 100 克、虾仁、虾干各适量，荷兰豆 200 克

**调料** 盐 5 克，上汤 200 克，湿淀粉适量

**做法**

① 将雀胗、虾仁、虾干、荷兰豆滑油至熟，捞出备用。

② 锅中留余油，加入上汤、盐煮沸。

③ 放入雀胗、虾仁、虾干、荷兰豆，烧入味，用湿淀粉勾芡后，装盘即可。

# 冰糖玻璃虾

**材料** 虾 300 克，冰糖 100 克

**调料** 盐 3 克，味精 1 克，料酒 10 克

**做法**

① 虾洗净，不用去壳，用温水汆过后，捞起晾干待用。

② 炒锅置于火上，注油烧热，下冰糖炒至融化时，再放入虾炒至均匀粘裹上糖浆。

③ 最后加入盐、味精、料酒炒至虾呈金黄色时，起锅装盘即可。

# 芦笋炒虾仁

**材料** 芦笋 200 克，虾仁 200 克

**调料** 盐 3 克，味精 1 克，料酒 15 克，醋 8 克

**做法**

① 芦笋洗净，切成斜段；虾仁洗净，用热水汆过后，捞起沥干备用。

② 炒锅置于火上，注油烧热，下料酒，放入虾仁翻炒至熟后加入盐、醋与芦笋一起翻炒。

③ 再加入味精调味，起锅装盘即可。

# 油爆河虾

**材料** 河虾 400 克

**调料** 料酒、酱油、白糖、姜末、葱末各适量

**做法**

① 将河虾洗净，用温水汆过待用。

② 炒锅上火注油烧至八成热，再放入河虾炒至水分收干，加入酱油、料酒和白糖。

③ 煮至汤汁变干，加入姜末和葱末，起锅装盘即可。

# 翡翠木瓜爆虾球

**材料** 虾仁 350 克，蛋清少许，木瓜 80 克，荷兰豆 30 克，青红椒 70 克

**调料** 生抽 15 克，盐 3 克，鸡精 5 克

**做法**

① 虾仁用蛋清上浆，入温油中滑成球形，捞出沥油。

② 木瓜、青红椒切成块；荷兰豆择洗净，切段。

③ 油锅烧热，放入木瓜、荷兰豆、青红椒炒至八成熟时，下入虾仁，调入盐、鸡精、生抽炒熟即可。

# 蟹

◆**食疗功效：**

1. 增强免疫力：蟹含有丰富的维生素 A，对提高机体免疫力有着重要作用。

2. 开胃消食：蟹中的维生素 $B_1$ 可帮助消化，改善食欲不振的状况。

3. 补血养颜：蟹中富含维生素 A、铁、钙、磷等，常吃有养颜补血的功效。

**选购窍门**

◎蟹壳青绿有光泽、连续吐泡有声音、腹部灰白、脐部完整的为佳。

**储存之道**

◎拿绳子把蟹扎好，放入冰箱冷藏室保存。

**健康提示**

◎肠胃病患者和胆囊炎、肝炎患者切忌进食螃蟹。

| 宜 | 蟹 + 山药（滋补养颜） |
| | 蟹 + 大蒜（养精益气） |
| 忌 | 蟹 + 茄子（导致腹泻） |
| | 蟹 + 香菇（容易引起结石） |

# 金牌口味蟹

**材料**　螃蟹 1000 克，红椒节、干淀粉各少许

**调料**　料酒、高汤、老抽、豆瓣酱、糖、醋、盐、蒜、豆豉各适量

**做法**

❶螃蟹处理干净，将蟹钳与蟹壳分别斩块，用干淀粉抓匀；油锅烧热，下蟹块炸至表面变红，捞出沥油。

❷油烧热，将豆豉、红椒节、蒜爆香，下蟹块，淋上料酒，加入剩余调味料烧开，转小火煮至入味即可。

# 香辣蟹

**材料**　肉蟹 500 克

**调料**　葱段、姜片、盐、白糖、白酒、干辣椒、料酒、醋、花椒、鸡精各适量

**做法**

❶将肉蟹放在器皿中，加入适量白酒略腌，蟹醉后洗净，切成块。

❷锅中注油烧至三成热，下入花椒、干辣椒炒出麻辣香味。

❸再放入姜片、葱段、蟹块、料酒、醋、鸡精、白糖和盐翻炒均匀即可。

# 鱼子拌蟹膏

**材料** 净蟹膏肉 200 克，鱼子酱 20 克

**调料** 醋、料酒各适量，姜 50 克，蒜 10 克，香油少许

**做法**

① 姜、蒜去皮洗净，切末备用。

② 蟹膏肉装盘，淋上料酒，放入蒸锅内蒸 10 分钟。

③ 将姜、蒜、醋调成味汁，淋在蟹膏肉上，最后淋入鱼子酱、香油即可。

# 酱香蟹

**材料** 蟹 6 只

**调料** 盐、味精、醋、老抽、料酒各适量

**做法**

① 蟹处理干净，用热水汆过后，捞起晾干备用。

② 炒锅置于火上，注油，大火烧热，放入汆好的蟹爆炒至呈金黄色时，加入盐、醋、老抽、料酒，并注入少量水焖煮。

③ 加入味精调味后，将蟹捞起沥干，装盘即可。

# 锅仔大闸蟹炖萝卜

**材料** 大闸蟹 500 克，白萝卜 200 克，胡萝卜 200 克

**调料** 姜片 10 克，清汤 500 克，盐 5 克，鸡精 3 克

**做法**

① 大闸蟹处理干净，汆水；白萝卜、胡萝卜洗净切片。

② 炒锅加油烧热，放大闸蟹入内炸一遍取出。

③ 净锅上火，放入清汤、大闸蟹、胡萝卜、白萝卜、姜片，大火烧开转中火炖 15 分钟，加盐、鸡精调味即成。

# 清蒸大闸蟹

**材料** 大闸蟹 8 只，糖、姜末、香油各 20 克

**调料** 酱油、葱花、香醋各 50 克

**做法**

① 将大闸蟹洗净，上笼蒸熟后取出，整齐地装入盘内。

② 将葱花、姜末、香醋、糖、酱油、香油调和作蘸料，分装小碟；同时准备好专用餐具：小砧板 1 块、小木锤 1 只及其他用具等。

③ 蒸好的蟹连同小碟蘸料、专用餐具上席，由食用者自己边掰边食。

# 泡椒小炒蟹

**材料** 蟹 350 克，红泡椒 80 克，芹菜段 20 克

**调料** 红油、蚝油各 10 克，味精 5 克，盐 3 克，料酒 8 克，葱丝、香菜各 10 克

**做法**

① 蟹处理干净，斩成小块；红泡椒、香菜洗净。

② 油烧热，将红泡椒、芹菜段放入，爆香，然后放入蟹块炒匀。

③ 放入红油、蚝油等调料翻炒，加少许清水，烧至水分快干时盛盘，撒上葱丝、香菜即可。

# 咖喱炒蟹

**材料** 蟹 100 克，咖喱粉、蛋液、红椒各适量

**调料** 干淀粉、料酒、生抽、香油、盐各适量

**做法**

① 蟹处理干净，将蟹钳与蟹壳分别斩块，撒上干淀粉，抓匀，入热油锅中炸至约八成熟，捞出沥干。

② 红椒洗净切片；蛋液入油锅中炒熟；咖喱粉调湿备用。

③ 油锅烧热，下料酒、生抽、香油、盐、咖喱炒香，放入蟹块，倒入红辣椒片、鸡蛋，炒熟即可。

# 蟹柳白菜卷

**材料** 蟹柳、白菜、鲜鱿鱼、香菇、瘦肉末各适量

**调料** 盐、蚝油、味精各少许

**做法**

① 蟹柳洗净，切段；白菜洗净，切片，焯水；鲜鱿鱼洗净切块；香菇洗净切碎。

② 油锅烧热，放入鲜鱿鱼、香菇、瘦肉末炒至熟，加盐、蚝油、味精炒香盛出。

③ 白菜中包入炒好的鱿鱼、香菇肉馅，卷成方形卷，放上蟹柳，放入锅内蒸 10 分钟即可。

# 海米粉丝蟹柳煲

**材料** 蟹柳 200 克，海米、胡萝卜各 50 克，粉丝 200 克

**调料** 盐 3 克，酱油、姜、葱花各适量

**做法**

① 蟹柳洗净切条；海米洗净；胡萝卜、姜洗净切丝；粉丝泡发，沥干。

② 起油锅，入姜丝、胡萝卜丝翻炒片刻，再倒入蟹柳、海米、粉丝，烹入盐和酱油。

③ 炒至熟时撒入葱花即可。

# 蛏子

◆**食疗功效：**

1. 增强免疫力：蛏子含有维生素 A，有增强人体免疫力的功效。

2. 补血养颜：蛏子富含维生素 A、铁、钙、磷等，常吃有补血养颜的功效。

3. 防癌抗癌：蛏子富含硒，可增强机体抗肿瘤的能力，有防癌抗癌的作用。

**宜** 蛏子 + 豆腐（增强营养）

**忌** 蛏子 + 木瓜（引起腹痛）

# 蒜蓉粉丝蒸蛏子

**材料** 蛏子 700 克，粉丝 300 克，蒜头 100 克

**调料** 生抽、鸡精、盐、葱花、香油各适量

**做法**

❶蛏子对剖开，洗净；粉丝用温水泡好；蒜头去皮，剁成蒜蓉备用。

❷油锅烧热，放入蒜蓉煸香，加生抽、鸡精、盐炒匀，浇在蛏子上，泡好的粉丝也放在蛏子上，撒上葱花，淋上香油，入锅蒸 3 分钟即可。

# 辣爆蛏子

**材料** 蛏子 500 克，干辣椒、青椒、红椒各适量

**调料** 盐 3 克，味精 1 克，酱油 10 克，料酒 15 克

**做法**

❶蛏子洗净，放入温水中氽过后，捞起备用；青椒、红椒洗净切成片；干辣椒洗净，切段。

❷锅置火上，注油烧热，下料酒，加入干辣椒段煸炒后放入蛏子翻炒，再加入盐、酱油、青椒片、红椒片炒至入味。

❸加入味精调味，起锅装盘即可。

# 螺

**◆食疗功效：**

1. 增强免疫力：螺肉含有丰富的维生素A，有增强人体免疫力的功效。

2. 补血养颜：螺肉含有丰富的钙和铁，有补血养颜的功效。

3. 调节酸碱平衡：螺肉含有丰富的钾，可调节体液的酸碱平衡，有助于维持神经健康。

**选购窍门**

◎新鲜螺肉呈乳黄色或浅黄色，有光泽，有弹性，局部有玫瑰紫色斑点；不新鲜螺肉呈白色或灰白色，无光泽，无弹性。

**储存之道**

◎放冰箱急冻。

**健康提示**

◎感冒、腹泻、过敏体质者忌食螺。

| 宜 | 螺＋葱（清热解酒） |
| | 螺＋盐（利小便） |
| 忌 | 螺＋木耳（不利消化） |
| | 螺＋甜瓜（肚子痛） |

# ▍竹篱爆螺花

**材料** 螺肉350克，青椒、红椒各50克

**调料** 花椒5克，盐3克，酱油、红油、醋各适量

**做法**

① 将螺肉洗干净，余水后沥干；青椒、红椒均去蒂洗净，切圈。

② 热锅下油，入花椒、青椒、红椒炒香后，放入螺肉炒匀，加盐、酱油、红油、醋炒至入味。

③ 待熟后，盛在盘中的竹篱上即可。

# ▍炭烤海螺

**材料** 海螺500克

**调料** 盐2克，味精1克，醋8克，生抽10克，料酒少许，红椒适量，大蒜5克

**做法**

① 海螺处理干净；红椒、大蒜洗净，切成末。

② 用盐、味精、醋、生抽、料酒、蒜末调成汁，灌进海螺中，再放入红椒。

③ 放在炭火中烤熟装盘，即可食用。

# 海参

◆食疗功效：

1. 增强免疫力：海参富含蛋白质，能够提高免疫力，增强抵抗疾病的能力。

2. 补血养颜：海参中的胶原蛋白含量高，不仅可以生血养血、延缓机体衰老，还可使肌肤充盈、皱纹减少。

**选购窍门**

◎鲜海参外表皮有的呈深灰褐色，有的则颜色稍浅，其皮质较薄，干燥后肉质为灰白色。

**储存之道**

◎海参发好后，一次用不完可入冰箱冷冻保存。

**健康提示**

◎感冒、咳嗽、气喘、急性肠炎患者忌食海参。

| 宜 | 海参＋猪肉（补肾益精） |
| | 海参＋牛尾（滋补养颜） |
| 忌 | 海参＋葡萄（易导致腹痛） |
| | 海参＋醋（降低营养价值） |

# 家常海参

**材料** 水发海参、上海青、瘦肉末各适量

**调料** 酱油、水淀粉、盐、豆瓣末、干尖椒段各适量

**做法**

① 水发海参切片；上海青洗净。

② 油锅烧热，下上海青煸炒片刻，加盐调味摆盘；锅留油烧热，爆香蒜苗段、干尖椒段和豆瓣末，注水烧开，倒入海参和瘦肉末焖熟，加盐、酱油调味，用水淀粉收汁，入盘即可。

# 蹄筋烧海参

**材料** 猪蹄筋、海参、西蓝花、干辣椒各适量

**调料** 盐、料酒、酱油、葱段、蒜苗各适量

**做法**

① 猪蹄筋、海参洗净；西蓝花洗净，掰成块，置沸水中焯熟，排于盘中；干辣椒、蒜苗洗净，切段。

② 油锅烧热，下料酒，放入猪蹄筋翻炒一会儿，加盐、酱油炒入味，再加海参与葱段、蒜苗、干辣椒段一起翻炒至熟，装入排有西蓝花的盘中即可。

# 干贝

◆食疗功效：

1. 健胃消食：干贝有助于胃酸的分泌和食物的消化，宜用于饮食积滞症。

2. 祛脂降压：可使血压更易控制，并使毛细管扩张，血黏度降低。

3. 防癌抗瘤：预防癌症，降低癌变的发生率。

4. 养阴补虚：干贝可补虚损，益精气，润肺补肾，适宜于肺肾阴虚、久病体虚或是虚劳者食用。

**选购窍门**

◎表面呈金黄色，瓣开来看，里面呈金黄或略呈棕色的就是新鲜的干贝。

**储存之道**

◎用密封好的保鲜袋装着，放进冰箱保存。

**健康提示**

◎脾肾阳虚的夜尿频多的老年人、食欲不振者应多食用干贝。

宜　干贝 + 白果（清热润肺）
　　干贝 + 冬瓜（止渴去躁）

忌　干贝 + 香肠（生成有害物质）

# 干贝蒸水蛋

**材料** 鲜鸡蛋3个，湿干贝、葱花各10克

**调料** 盐2克，白糖1克，淀粉5克

**做法**

① 鸡蛋在碗里打散，加入湿干贝和所有的调味料搅匀。

② 将鸡蛋放在锅里隔水蒸12分钟，至鸡蛋凝结。

③ 将蒸好的鸡蛋撒上葱花，淋上花生油即可。

# 猴头菇干贝乳鸽汤

**材料** 乳鸽肉250克，猴头菇10克，干贝20克，枸杞少许

**调料** 盐3克

**做法**

① 乳鸽肉洗净，斩件；猴头菇洗净；枸杞、干贝均洗净，浸泡10分钟。

② 鸽肉余水捞出洗净。

③ 将干贝、枸杞、鸽肉放入砂煲，注水烧沸，放入猴头菇，改小火炖煮2小时，加盐调味即可。

# 扳指干贝

**材料** 水发干贝80克，白萝卜200克，西蓝花150克，姜片10克，葱条7克

**调料** 盐、味精、料酒、水淀粉、胡椒粉、熟油各适量

**制作指导** 干贝烹调前宜用温水浸泡涨发，或用少量清水加黄酒、姜、葱隔水蒸软，然后烹制入肴，这样口感更佳。

## 食材处理

❶ 西蓝花洗净，切瓣备用。

❷ 白萝卜去皮洗净，切成约1.6厘米厚段。

❸ 每个萝卜段分别用圆形薄铁筒扎穿，去掉萝卜心。

❹ 呈"扳指"形。

❺ 每个"扳指"填入水发干贝1粒。

❻ 全部完成后摆入盘内，放入葱条、生姜片。

## 制作步骤

❶ 将"扳指干贝"放入蒸锅，淋入少许料酒。

❷ 加盖蒸15分钟至熟。

❸ 锅中注水，加适量盐、油煮沸，倒入西蓝花。

❹ 西蓝花焯熟后捞出摆盘。

❺ 取出蒸熟的"扳指干贝"，挑去姜片、葱条。

❻ 原汁倒入锅中，加盐、味精、水淀粉、熟油、胡椒粉调汁。

❼ 将汁浇于"扳指干贝"上。

❽ 端出即可食用。

# 第8部分
# 养生药膳

药膳是药材与食材相配伍而做成的美食。它是中国传统的医学知识与烹调经验相结合的产物。它"寓医于食"，既将药物作为食物，又将食物赋以药用，药借食力，食助药威，二者相辅相成，相得益彰，既具有较高的营养价值，又可防病治病、保健强身、延年益寿。

# 蒜香蒸虾

**材料** 草虾60克，白芍、熟地黄各适量

**调料** 鱼露、冰糖、米酒、蒜末、枸杞各5克

**做法**

① 白芍、熟地黄放入碗中，加水，入电锅焖煮，滤取汤汁备用；草虾去除虾脚，洗净，由头部剪开，尾巴不能剪断，处理干净，装盘备用。

② 热油锅，放入蒜末炒至微黄，加入汤汁、米酒、鱼露、冰糖、枸杞煮沸，淋在草虾上面，入蒸笼蒸5分钟即可食用。

# 枸杞竹荪蟹

**材料** 竹荪30克，青蟹1只（约60克），枸杞5克

**调料** 米酒5克，蒜头3克

**做法**

① 竹荪洗净，泡水去膜，放入开水中汆烫，取出沥干；蒜头去皮切碎，炒黄备用。

② 青蟹洗净装盘，放入竹荪、蒜头末，加入枸杞，倒入米酒。

③ 放入蒸笼，大火蒸15分钟即可食用。

# 巴戟天海参煲

**材料** 巴戟天15克，海参300克，银杏两大匙，绞肉150克，胡萝卜片、上海青各少许

**调料** 盐5克，酱油、醋、糖、水淀粉各适量

**做法**

① 海参处理干净，汆烫后捞出切块；上海青洗净。

② 绞肉加盐抓匀，捏成小肉丸。

③ 锅中加水，放巴戟天、胡萝卜片、肉丸煮开，再放入海参、银杏煮熟，放入上海青，加盐等调味，用水淀粉勾芡即可。

# 中药韭菜鲜蚝煎

**材料** 淮山100克，韭菜150克，鲜蚝300克

**调料** 盐3克，地瓜粉一大匙，枸杞5克

**做法**

① 鲜蚝洗净杂质，沥干。

② 淮山洗净磨泥；韭菜洗净切细；枸杞泡软，沥干。

③ 将地瓜粉加适量水拌匀，加入鲜蚝、淮山泥、韭菜末、枸杞，并加盐调味。平底锅加热放油，倒入拌好的材料煎熟即可。

# 红花狮子头

**材料** 红花5克,绞肉400克,包菜300克,干香菇6朵

**调料** 盐5克

**做法**

1. 将包菜剥片洗净;香菇泡软去蒂。
2. 绞肉加盐打匀至胶着状,捏成丸子。
3. 将丸子炸熟捞出。
4. 将丸子盛入锅中,加入包菜和香菇,加水盖过材料炖至入味,起锅前撒上红花,再焖5分钟即成。

# 陈丝双烩

**材料** 猪里脊肉400克,青葱50克,辣椒20克

**调料** 水淀粉、冰糖、米酒、陈皮各7克

**做法**

1. 青葱洗净切丝;辣椒去籽切丝。
2. 陈皮用温水泡10分钟,切丝;猪里脊肉洗净,切丝。
3. 猪肉丝加入米酒、水淀粉拌匀,放入油搅匀。
4. 起油锅,放入猪肉丝翻炒至略熟,加入冰糖、陈皮丝炒匀,用水淀粉勾薄芡,起锅前撒下葱丝、辣椒丝即成。

# 药膳鸡腿

**材料** 鸡腿100克,猕猴桃80克,红枣5克

**调料** 米酒10克,酱油适量,当归2克

**做法**

1. 红枣、当归放入碗中,倒入米酒,浸泡3小时。
2. 鸡腿用酱油擦匀,放置5分钟,入油锅炸至两面呈金黄色,取出,切块。
3. 鸡腿放入锅中,倒入红枣和当归及米酒,中火煮15分钟,取出装盘,猕猴桃洗净,削皮,切片,摆盘即可食用。

# 梅汁鸡

**材料** 鸡腿200克,酸梅、话梅、八角、陈皮丝各4克

**调料** 酱油、米酒、红糖、盐、姜末各5克

**做法**

1. 鸡腿洗净,加酱油拌匀,入油锅炸黄取出;八角、陈皮丝包入纱布袋中。
2. 起油锅,放姜末、米酒、红糖和水熬成汤汁备用;将鸡腿、酸梅、话梅、纱布袋放入蒸笼,盖上保鲜膜,蒸熟后淋上汤汁即可。

# 党参枸杞红枣汤

**材料** 红枣 12 克，党参 20 克，枸杞 12 克

**调料** 白糖适量

**做法**

① 党参洗净切成段；红枣、枸杞放入清水中浸泡 5 分钟后再捞出备用。

② 将红枣、党参、枸杞放入砂锅中，放入适量清水，煮沸，加入白糖，改用小火再煲 10 分钟左右即可。

# 参片莲子汤

**材料** 人参片 10 克，红枣 10 克，莲子 40 克

**调料** 冰糖 10 克

**做法**

① 红枣泡发洗净；莲子泡发洗净。

② 莲子、红枣、人参片放入炖盅，加水至盖满材料，移入蒸笼，转中火蒸煮 1 小时。

③ 随后，加入冰糖续蒸 20 分钟，取出即可食用。

# 麦枣甘草萝卜汤

**材料** 小麦 100 克，白萝卜 15 克，排骨 250 克，甘草 15 克，红枣 10 颗

**调料** 盐两小匙

**做法**

① 小麦泡发洗净；排骨汆烫，洗净；白萝卜洗净、切块；红枣、甘草冲净。

② 将所有材料盛入煮锅，加 8 碗水煮沸，转小火炖约 40 分钟，加盐即成。

# 鸡骨草瘦肉汤

**材料** 瘦肉 500 克，生姜 20 克，鸡骨草 10 克

**调料** 盐 4 克，鸡精 3 克

**做法**

① 瘦肉洗净，切块；鸡骨草洗净，切段，绑成节，浸泡；生姜洗净，切片。

② 瘦肉汆一下水，去除血污和腥味。

③ 锅中注水烧沸，放入瘦肉、鸡骨草、生姜以小火慢炖，2.5 小时后加入盐和鸡精调味即可。

# 天山雪莲金银花煲瘦肉

**材料** 瘦肉 300 克，天山雪莲、金银花、干贝、山药各适量

**调料** 盐 5 克，鸡精 4 克

**做法**

❶ 瘦肉洗净，切件；山药洗净，去皮，切件。

❷ 将瘦肉放入沸水过水，取出洗净。

❸ 将瘦肉、天山雪莲、金银花、干贝、山药放入锅中，加入清水用小火炖 2 小时，放入盐和鸡精即可。

# 茯苓芝麻菊花猪瘦肉汤

**材料** 猪瘦肉 400 克，茯苓 20 克，菊花、白芝麻各少许

**调料** 盐 5 克，鸡精 2 克

**做法**

❶ 瘦肉洗净，切件，汆去血水；茯苓洗净，切片；菊花、白芝麻洗净。

❷ 将瘦肉放入煮锅中汆水，捞出备用。

❸ 将瘦肉、茯苓、菊花放入炖锅中，加入清水炖 2 小时，调入盐和鸡精，撒上白芝麻。

# 莲子芡实瘦肉汤

**材料** 瘦肉 350 克，莲子、芡实各少许

**调料** 盐 5 克

**做法**

❶ 瘦肉洗净，切件；莲子洗净，去心；芡实洗净。

❷ 瘦肉汆水后洗净备用。

❸ 将瘦肉、莲子、芡实放入炖盅，加适量水，锅置火上，将炖盅放入隔水炖 1.5 小时，调入盐即可。

# 养颜茯苓核桃瘦肉汤

**材料** 瘦肉 400 克，核桃 50 克，茯苓 10 克

**调料** 盐 5 克，鸡精 3 克

**做法**

❶ 瘦肉洗净，切块；茯苓洗净，切块；核桃洗净，取肉。

❷ 锅中注水，烧沸，放入瘦肉、茯苓、核桃慢炖。

❸ 炖至核桃变软，加入盐和鸡精调味即可。

# 海马干贝猪肉汤

**材料** 瘦肉 300 克，海马、干贝、百合、枸杞各适量

**调料** 盐 5 克

**做法**

① 瘦肉洗净，切块，汆水；海马洗净，浸泡；干贝洗净，切段；百合洗净；枸杞洗净，浸泡。

② 将瘦肉、海马、干贝、百合、枸杞放入沸水锅中慢炖 2 小时。

③ 调入盐调味，出锅即可。

# 虫草花党参猪肉汤

**材料** 瘦肉 300 克，虫草花、党参、枸杞各少许

**调料** 盐、鸡精各 3 克

**做法**

① 瘦肉洗净，切件、汆水；虫草花、党参、枸杞洗净，用水浸泡。

② 锅中注水烧沸，放入瘦肉、虫草、党参、枸杞慢炖。

③ 2 小时后调入盐和鸡精调味，起锅装入炖盅即可。

# 灵芝红枣瘦肉汤

**材料** 猪瘦肉 300 克，灵芝 4 克，红枣适量

**调料** 盐 6 克

**做法**

① 将猪瘦肉洗净、切片；灵芝、红枣洗净备用。

② 净锅上火倒入水，下入猪瘦肉烧开，打去浮沫，下入灵芝、红枣煲至熟，调入盐即可。

# 鸡骨草排骨汤

**材料** 排骨 250 克，生姜 20 克，鸡骨草 10 克

**调料** 盐 4 克，鸡精 3 克

**做法**

① 排骨洗净，切块；鸡骨草洗净，切段，绑成节，浸泡；生姜洗净，切片。

② 锅中注水烧沸，放入排骨、鸡骨草、生姜慢炖。

③ 2.5 小时后加入盐和鸡精调味即可。

# 霸王花排骨汤

**材料** 排骨300克，霸王花100克，白菜少许

**调料** 盐5克，味精3克

**做法**

① 排骨洗净，斩成块；霸王花泡发，撕开；白菜洗净，切开。

② 将排骨入沸水中汆去血水，捞出。

③ 再将霸王花、排骨放入瓦罐中，加适量清水，煲30分钟后再下入白菜稍煮，用盐和味精调味即可。

# 板栗排骨汤

**材料** 鲜板栗、排骨各150克，人参片少许，胡萝卜1条

**调料** 盐1小匙

**做法**

① 板栗煮约5分钟，剥膜；排骨入沸水汆烫，洗净；胡萝卜削皮，洗净切块；人参片洗净。

② 将所有的材料盛锅，加水至盖过材料，以大火煮开，转小火续煮约30分钟，加盐调味即成。

# 海马龙骨汤

**材料** 龙骨220克，胡萝卜50克，海马2只

**调料** 味精0.5克，鸡精0.5克，盐1克

**做法**

① 龙骨洗净，斩块，汆烫后沥干；胡萝卜洗净，切成小方块；海马洗净。

② 将龙骨、胡萝卜、海马放入汤煲中，放入适量水，盖过材料即可，用小火煲熟。

③ 放入味精、鸡精、盐调味即可。

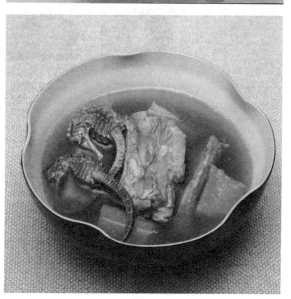

# 西洋参土鸡汤

**材料** 土鸡 450 克，西洋参 2 克，红枣 4 克，枸杞子 1 克，姜片 2 克

**调料** 盐 3 克，鸡粉 2 克，料酒 15 毫升

## 食材处理

❶ 将洗净的土鸡肉斩成块，装入盘中。

❷ 锅中注入约 1500 毫升清水，倒入鸡块。

❸ 用大火煮沸，氽去血水后捞出。

❹ 将氽煮过的鸡块放入清水中清洗干净。

❺ 取出装盘备用。

## 制作步骤

❶ 把处理好的鸡块放入内锅。

❷ 锅中倒入清水，烧开，入料酒、鸡粉、盐。

❸ 放入洗好的西洋参、红枣、枸杞，煮沸。

❹ 把煮好的汤料盛入内锅。

❺ 放入准备好的姜片，盖上陶瓷盖。

❻ 将内锅放入已经加清水的隔水炖盅内。

❼ 盖上锅盖。

❽ 选炖盅"滋补"功能的"西洋参"模式炖 2 小时至熟软。

❾ 揭盖，取出炖好的土鸡汤即成。

**制作指导** 炖鸡汤时，中途可揭盖将汤表面的浮沫捞干净，这样不仅色泽光亮，鸡汤的味道也更纯正。

# 二冬生地炖龙骨

**材料** 猪脊骨 250 克，天冬、麦冬各 10 克，熟地、生地各 15 克，人参 5 克

**调料** 盐、味精各适量

**做法**

1 天冬等原材料洗净。

2 猪脊骨下入沸水中汆去血水，捞出沥干备用。

3 把猪脊骨、天冬、麦冬、熟地、生地、人参放入炖盅内，加适量开水，盖好，隔滚水用小火炖约 3 小时，调入盐和味精即可。

# 当归炖猪心

**材料** 鲜猪心 1 个，党参 20 克，当归 15 克

**调料** 葱段、姜片、盐、料酒各适量

**做法**

1 猪心处理干净剖开；党参、当归洗净，一起放入猪心内，用竹签固定。

2 在猪心上撒上葱、姜、料酒，再将猪心放入锅中，隔水炖熟，去除药渣，再加盐调味即可。

# 菖蒲猪心汤

**材料** 猪心 1 只，石菖蒲、枸杞各 15 克，远志 5 克，当归 1 片，丹参 10 克，红枣 6 个

**调料** 盐、葱花各适量

**做法**

1 猪心洗净，汆水，去血块，煮熟，捞出切片。

2 将药材、枸杞、红枣置入锅中加水熬汤。

3 将切好的猪心放入已熬好的汤中煮沸，加盐、葱花即可。

# 桂参红枣猪心汤

**材料** 桂枝 5 克，党参 10 克，红枣 6 颗，猪心半个

**调料** 盐 1 小匙

**做法**

1 猪心入沸水中汆烫，捞出，冲洗切片；桂枝、党参、红枣洗净，盛入锅中，加 3 碗水以大火煮开，转小火续煮 30 分钟。

2 再转中火让汤汁沸腾，放入猪心片，待水再开，加盐调味即可。

# 党参枸杞猪肝汤

**材料** 猪肝 200 克，党参 8 克，枸杞 2 克

**调料** 盐 6 克

**做法**

① 将猪肝洗净切片，汆水；党参、枸杞用温水洗净备用。

② 净锅上火倒入水，下入猪肝、党参、枸杞煲至熟，调入盐调味即可。

# 杏仁白菜猪肺汤

**材料** 猪肺 750 克，白菜、杏仁、黑枣各适量

**调料** 姜 2 片，盐 5 克

**做法**

① 杏仁洗净，用温水浸泡，去皮、尖；黑枣、白菜洗净。

② 猪肺注水、挤压，反复多次，直到血水去尽，猪肺变白，切块，汆水，锅内放姜，将猪肺爆炒 5 分钟左右。

③ 瓦煲内，再放入备好的材料，大火煲开后改用小火煲 3 小时，加盐调味即可。

# 灵芝炖猪尾

**材料** 灵芝 5 克，猪尾 1 条，鸡肉 200 克，猪瘦肉 50 克，鸡汤 1000 克

**调料** 生姜、料酒、白糖、盐各适量

**做法**

① 猪尾砍成段；猪瘦肉、鸡肉均，切块；灵芝切丝。

② 猪尾段、猪肉、鸡肉块下入锅中汆去血水。

③ 将鸡汤倒入锅内，煮沸后加入猪尾、生姜、料酒、瘦肉、鸡肉块、灵芝煮熟，加入白糖、盐调味即可。

# 党参马蹄猪腰汤

**材料** 猪腰 200 克，马蹄 150 克，党参 100 克

**调料** 盐 6 克，料酒适量

**做法**

① 猪腰洗净，剖开，切去白色筋膜，切片，用适量酒、油、盐拌匀。

② 马蹄洗净去皮；党参洗净切段。

③ 马蹄、党参放入锅内，加适量清水，大火煮开后改小火煮 30 分钟，加入猪腰再煲 10 分钟，以盐调味供用。

# 核桃煲猪腰

**材料** 猪腰100克，核桃20克，北芪、党参各10克，红枣、枸杞各适量

**调料** 盐、鸡精、姜各适量

**做法**

① 猪腰洗净，切开，除去白色筋膜；红枣、枸杞、核桃、党参、北芪洗净。

② 锅烧滚水，入猪腰氽去表面血水，倒出洗净。

③ 用瓦煲装水，在大火上滚开，放入所有食材，煲2小时后调入盐、鸡精即可。

# 参芪炖牛肉

**材料** 牛肉250克，党参、黄芪各20克，升麻5克

**调料** 姜片、黄酒各适量，盐3克，味精适量

**做法**

① 牛肉洗净切块；党参、黄芪、升麻分别洗净，同放于纱布袋中，扎紧袋口。

② 药袋与牛肉同放入砂锅中，注入清水烧开，加入姜片和黄酒炖至酥烂，捡出药袋，下盐、味精调味即可。

# 当归牛腩汤

**材料** 牛腩750克，当归25克，冬笋150克

**调料** 姜末、绍酒、酱油、味精、胡椒粉各适量

**做法**

① 将牛腩洗净，切成块；冬笋洗净切块；当归洗净切片。

② 锅中油烧热，放入牛腩、冬笋，加绍酒、酱油翻炒10分钟。

③ 加水，待烧沸时一并倒入砂锅内，加当归，焖4小时后加味精，撒入胡椒粉即成。

# 当归羊肉汤

**材料** 当归 25 克，羊肉 500 克

**调料** 盐 6 克，姜 1 段

**做法**

① 羊肉剁块，入沸水中氽烫后捞出冲净用。

② 姜洗净，微拍裂。将羊肉、姜放入炖锅，加 6 碗水，以大火煮开，转小火慢炖 1 小时。

③ 加入当归续煮 15 分钟，加盐调味即可。

# 鹿茸川芎羊肉汤

**材料** 羊肉 90 克，鹿茸 9 克，川芎 12 克，锁阳 15 克，红枣少许

**调料** 盐、味精各适量

**做法**

① 将羊肉洗净，切小块。

② 川芎、锁阳、红枣洗净。

③ 将羊肉、鹿茸、川芎、锁阳、红枣放入煲内，加适量清水，大火煮沸后转小火煮 2 小时，用盐和味精调味即可。

# 中药炖乌鸡汤

**材料** 乌鸡 1 只，党参、山药各 10 克，当归片 6 克，枸杞、红枣各 5 克，清汤适量

**调料** 盐、鸡精、胡椒粉各 2 克，姜片 10 克

**做法**

① 党参处理干净切段；乌鸡洗净；锅上火，爆香姜片，注入适量水煮沸，下乌鸡稍氽。

② 砂锅上火，倒清汤，下乌鸡及药材，炖约 2 个小时，调入鸡精、盐、胡椒粉，拌匀即可。

# 淡菜首乌鸡汤

**材料** 淡菜 150 克，何首乌 15 克，鸡腿 1 只

**调料** 盐 4 克

**做法**

① 鸡腿剁块，氽烫后捞出，冲洗干净。

② 淡菜、何首乌洗净。

③ 将准备好的鸡腿、淡菜、何首乌放入锅中，加水盖过材料，以大火煮开，转小火炖 30 分钟，加盐调味即可。

# 参麦黑枣乌鸡汤

**材料** 乌鸡400克，人参、麦冬各20克，黑枣、枸杞各15克

**调料** 盐5克，鸡精4克

**做法**

1. 乌鸡处理干净，斩件，氽水；人参、麦冬洗净，切片；黑枣洗净，去核。
2. 锅中注入适量清水，放入乌鸡、人参、麦冬、黑枣、枸杞，盖好盖。
3. 大火烧沸后以小火慢炖2小时，调入盐和鸡精即可食用。

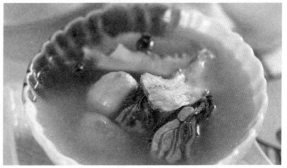

# 归芪板栗鸡汤

**材料** 当归10克，黄芪15克，板栗200克，乌鸡肉400克

**调料** 盐5克

**做法**

1. 板栗放入沸水煮约5分钟，捞起剥膜冲净。
2. 鸡肉剁块，氽烫后捞起。
3. 将鸡肉、板栗、当归、黄芪盛入煲内，加水至盖过材料，以大火煮开，转小火续炖30分钟，加盐调味即可。

# 人参鸡汤

**材料** 童子鸡1只，高丽参1克，板栗2个，红枣3个，葱2段，枸杞5克，泡好的糯米50克

**调料** 盐5克，胡椒粉3克

**做法**

1. 鸡洗净，放入洗净的板栗、红枣、葱段、枸杞、高丽参、糯米。
2. 锅中注适量水，放入鸡炖40分钟。
3. 炖至熟，调入盐、胡椒粉，2分钟后即可食用。

# 十全大补鸡汤

**材料** 熟地15克、当归10克、川芎5克、炒芍5克、党参15克、白术5克、茯苓5克、甘草5克、桂枝10克、黄芪15克、枸杞10克、红枣8颗、鸡腿2只

**调料** 盐3克

**做法**

1. 鸡腿剁块，洗净，氽烫后捞出冲净。
2. 将所有材料冲净，放入炖锅中，加入鸡块，加水以大火煮开，转小火慢炖1小时，加盐调味即可。

# 茸芪煲鸡汤

**材料** 鸡肉 500 克，猪瘦肉 300 克，鹿茸 20 克，黄芪 20 克，生姜 10 克

**调料** 盐 5 克，味精 3 克

**做法**

① 鹿茸片、黄芪均洗净；猪瘦肉洗净，切成厚块。

② 鸡洗净，斩成块，放入沸水中汆去血水后捞出。

③ 锅内注入适量水，下入所有原材料，大火煲沸后再改小火煲 3 小时，调入盐、味精即可。

# 何首乌黑豆煲鸡爪

**材料** 鸡爪 8 只，猪瘦肉 100 克，黑豆 20 克，泡发红枣 5 颗，泡发何首乌 10 克

**调料** 盐 3 克

**做法**

① 鸡爪斩去趾甲洗净；猪瘦肉洗净，汆烫去腥，沥水。

② 黑豆洗净放锅中炒至豆壳裂开。

③ 全部用料放入煲内加适量清水煲 3 小时，下盐调味即可。

# 冬瓜薏米鸭

**材料** 鸭肉 500 克，冬瓜、薏米、枸杞各适量

**调料** 盐、蒜末、米酒、高汤各适量

**做法**

① 鸭肉、冬瓜分别洗净切块；薏米、枸杞分别洗净泡发。

② 砂锅倒油烧热，将蒜、盐和鸭肉一起翻炒，再放入米酒和高汤。待煮开后放入薏米、枸杞，用大火煮 1 小时，再放入冬瓜，煮开后转小火续煮至熟后食用。

# 虫草炖老鸭

**材料** 冬虫夏草 5 枚，老鸭 1 只

**调料** 姜片、葱花、胡椒粉、盐、陈皮末、味精各适量

**做法**

① 将冬虫夏草用温水洗净；鸭处理干净斩块，再将鸭块放入沸水中焯去血水，然后捞出。

② 将鸭块与虫草先用大火煮开，再用小火炖软后加入姜片、葱、陈皮末、胡椒粉、盐、味精，拌匀即可。

# 清补乳鸽汤

**材料** 乳鸽200克,泡发党参、泡发红枣、泡发枸杞、芡实、蜜枣各适量

**调料** 盐、大蒜各适量

**做法**

① 乳鸽洗净剁块;党参洗净切段;芡实洗净;大蒜、蜜枣均洗净切片。

② 鸽肉入开水锅汆水,捞出。

③ 党参等和鸽肉一起放入炖盅,注水,大火煲沸后下蒜片,改小火炖煮2小时,加盐调味即可。

# 茯苓鸽子煲

**材料** 鸽子300克,茯苓10克

**调料** 盐4克,姜片2克

**做法**

① 将鸽子宰杀净,斩成块汆水;茯苓洗净备用。

② 净锅上火倒入水,放入姜片,下入鸽子、茯苓煲至熟,调入盐调味即可。

# 灵芝核桃乳鸽汤

**材料** 党参20克,核桃仁80克,灵芝40克,乳鸽1只,蜜枣6颗

**调料** 盐适量

**做法**

① 将核桃仁、党参、灵芝、蜜枣分别用水洗净。

② 将乳鸽处理干净,斩件。

③ 锅中加水,以大火烧开,放入党参、核桃仁、灵芝、乳鸽和蜜枣,改用小火续煲3小时,加盐调味即可。

# 海底椰贝杏鹌鹑汤

**材料** 鹌鹑1只,川贝、杏仁、蜜枣、枸杞、海底椰各适量

**调料** 盐3克

**做法**

① 鹌鹑处理干净;川贝、杏仁均洗净;海底椰洗净,切薄片。

② 锅注水烧开,下入鹌鹑煮尽血水,捞起洗净。

③ 瓦煲注适量水,放入全部材料,大火烧开,改小火煲3小时,加盐调味即可。

# 杜仲鹌鹑汤

**材料** 鹌鹑1只,杜仲50克,山药100克,枸杞25克,红枣6颗

**调料** 生姜5片,盐4克,味精3克

**做法**

① 鹌鹑洗净,去内脏,剁成块。

② 杜仲、枸杞、山药、红枣洗净。

③ 把全部材料和生姜放入锅内,加清水适量,大火煮沸后改小火煲3小时,加盐和味精调味即可。

# 菟杞红枣炖鹌鹑

**材料** 鹌鹑2只,菟丝子、枸杞各10克,红枣7颗

**调料** 绍酒2茶匙,盐、味精各适量

**做法**

① 鹌鹑洗净,斩件,汆水去其血污。

② 菟丝子、枸杞、红枣用温水浸透。

③ 将以上用料连同一碗半沸水倒进炖盅,加入绍酒,盖上盅盖,隔水先用大火炖30分钟,后用小火炖1小时,用盐、味精调味即可。

# 白术黄芪煮鱼

**材料** 虱目鱼肚1片,芹菜适量,白术、黄芪各10克,防风6.5克

**调料** 盐、味精、淀粉各适量

**做法**

① 将虱目鱼肚洗净切片,放少许淀粉腌渍20分钟。

② 锅置火上,倒入清水,将药材与虱目鱼肚一起煮,用大火煮沸,再转小火续熬,至味出时,放适量盐、味精调味,起锅前,加入适量芹菜即可。

# 参须枸杞炖鳗

**材料** 参须15克,枸杞10克,河鳗500克

**调料** 盐6克

**做法**

① 将河鳗洗净,然后切段,入沸水中汆烫去腥味,捞起再冲净,盛入炖锅。

② 将参须冲净,撒在鱼上,加水至盖过材料,移入锅中炖煮至熟。

③ 撒入枸杞,再稍炖片刻,加盐调味即成。

# 玉竹党参炖乳鸽

**材料** 鸽肉 120 克，玉竹 8 克，党参 6 克，红枣 5 克，枸杞 3 克，生姜 8 克

**调料** 盐、料酒、上汤各适量

## 食材处理

❶ 乳鸽洗净，斩块，各药材用清水洗净。

❷ 锅中入适量清水烧开，入乳鸽氽约 2 分钟至断生。

❸ 用漏勺捞出。

**制作指导▶** 药材用于煲汤前，要用清水清洗干净，乳鸽则要漂净血水，以保证炖好的汤色泽清透，味道纯正。

## 制作步骤

❶ 将鸽肉、玉竹、党参、红枣、枸杞、姜片放入汤盅。

❷ 锅中烧开上汤，加盐、料酒拌匀。

❸ 将上汤舀入汤盅，加上盖子。

❹ 转至蒸锅，慢火炖 2 小时。

❺ 蒸煮至熟透后取出。

❻ 撒入熟枸杞，装好盘即成。

# 红枣炖甲鱼

**材料** 甲鱼1只，冬虫夏草10枚，红枣10颗

**调料** 料酒、盐、葱花、姜片、蒜瓣、鸡汤各适量

**做法**

①甲鱼处理干净切块，放入砂锅中，煮沸后捞出；冬虫夏草洗净；红枣用开水浸泡。

②锅中放入甲鱼、冬虫夏草、红枣，然后加入料酒、盐、葱、姜、蒜、鸡汤炖2小时左右即可。

# 清心莲子牛蛙汤

**材料** 牛蛙3只，莲子150克，人参、黄芪、茯苓、柴胡各10克，麦冬、车前子、甘草各5克

**调料** 盐适量

**做法**

①莲子洗净；牛蛙处理干净剁块；所有药材洗净放入棉布包扎紧。

②锅中加6碗水煮开，放入所有材料，以大火煮沸后转小火煮约30分钟。捞出棉布包，调入盐即可。

# 党参煲牛蛙

**材料** 牛蛙200克，排骨50克，党参15克，红枣、姜、葱各10克

**调料** 盐6克，味精5克，胡椒粉少许

**做法**

①牛蛙处理干净；排骨洗净斩件；姜洗净切片；葱洗净切段；红枣泡发。

②瓦煲注入清水，加入排骨、生姜、葱段、牛蛙、党参、红枣，用中火先煲30分钟，再调入盐、味精、胡椒粉煲10分钟即可。

# 土茯苓鳝鱼汤

**材料** 鳝鱼、蘑菇各100克，当归、土茯苓、赤芍各10克

**调料** 盐2小匙，米酒1/2大匙

**做法**

①鳝鱼处理干净，切小段，用盐腌渍10分钟，再用清水洗净；将其余材料用清水洗净。

②全部材料与适量清水置入锅中，以大火煮沸转小火续煮20分钟，加入盐、米酒拌匀即可。

# 第 9 部分
# 养生滋补汤

**餐**桌上一碗热气腾腾的鲜汤，常使人垂涎欲滴。中式汤饮讲究合理搭配食材，因应时令喝汤补益身体。汤能让食物的营养成分有效地溶解，易于人体消化和吸收。而且其浓郁的香气、鲜美的滋味、丰富的营养无一不让人赞叹。本章节为大家介绍了多种具有滋补养生功效的美味汤煲，让你在享受别致美味的同时，也享受健康的生活。

# 清炖南瓜汤

**材料** 南瓜 300 克

**调料** 盐 3 克，葱 10 克，姜 10 克

**做法**

① 将南瓜去皮、去瓤，切成厚块；葱洗净切圈；姜洗净切片。

② 锅上火，加油烧热，下入姜、葱炒香。

③ 再下入南瓜，加入适量清水炖 10 分钟，调入盐即可。

# 草菇竹荪汤

**材料** 草菇 50 克，竹荪 100 克，上海青适量

**调料** 盐 3 克，味精 1 克

**做法**

① 草菇洗净，用温水焯过后待用；竹荪洗净；上海青洗净。

② 锅置于火上，注油烧热，放入草菇略炒，注水煮沸后下入竹荪、上海青。

③ 再至沸时，加入盐、味精调味即可。

# 翠玉蔬菜汤

**材料** 西瓜皮、丝瓜各 100 克，黄豆芽 30 克，薏米 10 克

**调料** 盐 5 克，嫩姜丝 3 克

**做法**

① 丝瓜去皮，洗净切片；取西瓜的翠绿部分切丝；黄豆芽洗净。

② 薏米放入锅中和适量水加热，加入西瓜皮、丝瓜片和黄豆芽煮沸，倒入盐、嫩姜丝调味，煮匀关火即可食用。

# 冬瓜桂笋素肉汤

**材料** 素肉块 35 克，冬瓜块 100 克，桂竹笋 100 克，黄柏 10 克，知母 10 克

**调料** 盐 5 克

**做法**

① 素肉块放入清水中浸泡至软化，取出挤干水分备用。

② 黄柏、知母放入棉布袋与 600 克清水置入锅中。

③ 加入其余材料混合煮熟，加入盐调味，取出棉布袋即可食用。

# 莲藕炖排骨

**材料** 莲藕 100 克，猪排骨 200 克

**调料** 盐 2 克，味精 1 克，葱少许

**做法**

1 莲藕洗净，切成块；猪排骨洗净，剁块；葱洗净切末。

2 锅内注水，放入猪排骨焖煮约 30 分钟后，加入莲藕、盐。

3 焖煮至莲藕熟时，加入味精调味，起锅装碗撒上葱末即可。

# 瓦罐莲藕排骨汤

**材料** 莲藕 350 克，排骨 400 克，枸杞 5 克

**调料** 盐 3 克，味精 2 克

**做法**

1 将莲藕去皮，洗净，切成大块；排骨洗净，砍成段。

2 锅中加水烧沸，下入排骨汆去血水，捞出沥干。

3 莲藕与排骨、枸杞一起放入瓦罐中，加适量清水炖至莲藕软烂，加盐、味精调味即可。

# 银耳莲子排骨汤

**材料** 排骨 350 克，莲子 100 克，银耳 50 克

**调料** 盐 3 克，味精 2 克

**做法**

1 将排骨洗净，砍成小块；莲子泡发，去除莲心；银耳泡发，摘成小朵。

2 瓦罐中加入适量清水，下入排骨、莲子、银耳，煲至银耳黏稠、汤浓厚时，加盐、味精调味即可。

# 胡萝卜排骨汤

**材料** 红枣 30 克，小排骨 150 克，胡萝卜 100 克，鲜干贝 3 颗，黑木耳 1 朵

**调料** 盐 1 克，味精 3 克

**做法**

1 排骨洗净，砍段；胡萝卜洗净切块；木耳洗净切块。

2 锅中加水煮滚，放入排骨、胡萝卜、黑木耳、红枣，小火熬煮 40 分钟，转大火煮滚，放入鲜干贝，再煮 3 分钟，加盐和味精调味即可。

# 芸豆煲猪蹄

**材料** 芸豆 350 克,猪蹄 250 克,枸杞 5 克

**调料** 生姜 5 克,盐 3 克

**做法**

① 芸豆洗净,浸泡半小时;枸杞洗净;生姜洗净,切片。

② 猪蹄洗净,砍成小块,再入锅中汆去血水备用。

③ 将芸豆与猪蹄一起入锅,加入适量清水,下入枸杞、姜片,以大火煲煮 1 小时,加盐调味即可。

# 血豆海带煲猪蹄

**材料** 猪蹄 300 克,海带 200 克,血豆 100 克

**调料** 葱 20 克,盐 5 克,鸡精 10 克

**做法**

① 将猪蹄、海带、血豆分别洗净,猪蹄切成小块,海带切丝;葱洗净切花。

② 锅中加适量水,将猪蹄、海带丝、血豆、葱花一起倒入砂锅,大火煮开后下鸡精、盐,转小火煮一会儿即可。

# 浓汤肘子煲娃娃菜

**材料** 卤猪肘子 300 克,娃娃菜 200 克

**调料** 盐 3 克,味精 2 克

**做法**

① 将卤猪肘子切成大片;娃娃菜剥去外层老叶,洗净。

② 将肘子加入汤锅中,加适量清水,煲至汤汁浓白。

③ 再下入娃娃菜煲 20 分钟至熟软,加盐、味精调味即可。

# 双仁菠菜猪肝汤

**材料** 猪肝 200 克,菠菜 2 株,酸枣仁 10 克,柏子仁 10 克

**调料** 盐 5 克

**做法**

① 将酸枣仁、柏子仁装在棉布袋内,扎紧。

② 猪肝洗净切片;菠菜洗净切成段。

③ 将布袋入锅加 4 碗水熬高汤,熬至约剩 3 碗水。

④ 猪肝和菠菜加入高汤中,待水一开即熄火,加盐调味即成。

# 菊花脑猪肝汤

**材料** 菊花脑 200 克，猪肝 150 克

**调料** 盐 5 克，鸡精 2 克，胡椒粉 4 克，淀粉 4 克，高汤适量

**做法**

1 菊花脑洗净；猪肝洗净切片。

2 将猪肝片放入少许盐、淀粉腌 5 分钟。

3 锅上火，下入高汤烧开，下入菊花脑、盐、鸡精、胡椒粉、猪肝煮 5 分钟即可。

# 白果覆盆子猪肚汤

**材料** 猪肚 150 克，白果、覆盆子各适量

**调料** 盐适量，姜片、葱各 5 克

**做法**

1 猪肚洗净切段，加盐涂擦后用清水冲洗干净；白果洗净去壳；覆盆子洗净；葱洗净切段。

2 将猪肚、白果、覆盆子、姜片放入瓦煲内，注入清水，大火烧开，改小火炖煮 2 小时。

3 加盐调味，起锅后撒上葱段即可。

# 砂锅一品汤

**材料** 猪肚 600 克，香菇 200 克，青菜、火腿各 100 克

**调料** 盐 3 克，料酒 15 克，香油适量

**做法**

1 猪肚洗净切片，余水；火腿切片；香菇、青菜洗净。

2 油锅烧热，放入猪肚、火腿，加料酒炒至水干，加清水烧开，放入香菇，倒入砂锅中，煲至快熟时下入青菜。

3 加盐调味，淋入香油即可。

# 白汤杂碎

**材料** 猪肚、猪肝、猪肠、猪肺各 100 克，香菜少许

**调料** 盐 1 克，味精 1 克，醋 5 克

**做法**

1 猪肚、猪肝、猪肠、猪肺洗净，均用热水余过后捞起备用；香菜洗净。

2 锅置火上，注水，放入猪肚、猪肝、猪肠、猪肺煮至熟，下醋、盐煮入味。

3 再加入味精，撒上香菜即可。

215

# 牛肉冬瓜汤

**材料** 牛肉 500 克, 冬瓜 200 克

**调料** 葱白、豉汁、盐、醋各适量

**做法**

① 牛肉洗净, 切成薄片; 冬瓜去瓤及青皮, 洗净切成小块; 葱白洗净切段。

② 豉汁烧沸, 加入牛肉片和冬瓜块, 煮沸后改用小火炖。

③ 至肉烂熟时, 撒入葱白段, 加油、盐、醋和匀即成。

# 阿胶牛肉汤

**材料** 阿胶 15 克, 牛肉 100 克

**调料** 米酒 20 克, 生姜 10 克, 盐适量

**做法**

① 将牛肉洗净, 去筋切片。

② 牛肉片与生姜、米酒一起放入砂锅, 加适量水, 用小火煮 30 分钟。

③ 再加入阿胶及盐, 煮至阿胶溶解, 拌匀即可。

# 牛排骨汤

**材料** 牛排骨 200 克, 粉丝 50 克, 人参 1 条, 红枣 6 个

**调料** 盐 3 克, 大葱 2 棵, 胡椒粉 2 克

**做法**

① 牛排骨洗净后切成段; 粉丝泡发; 大葱洗净, 取葱白切末; 人参、红枣洗净。

② 锅中放水烧开, 放入牛排、人参、红枣, 用小火炖熟烂, 再加入粉丝、葱末。

③ 调入盐、胡椒粉, 炖至入味即可。

# 萝卜牛尾汤

**材料** 牛尾 250 克, 白萝卜 150 克, 煮鸡蛋 50 克, 葱 2 棵

**调料** 盐 5 克, 胡椒粉 3 克

**做法**

① 白萝卜洗净切块; 鸡蛋去壳; 葱洗净, 取葱白切段; 牛尾洗净切小段。

② 牛尾放入锅中, 加入清水适量煮沸, 用小火炖至熟透, 再加入白萝卜、煮鸡蛋、葱白。

③ 调入盐、胡椒粉, 稍煮至入味即可离火。

# 土鸡煨鱼头

材料 土鸡 500 克，鱼头 1 个，青菜 100 克，枸杞 50 克

调料 姜片 30 克，盐 6 克，料酒 10 克，鸡精 5 克

做法

① 鱼头、土鸡切成大块。

② 锅烧热放油，下姜片爆香，然后放鱼头炸一下。

③ 将土鸡、鱼头、青菜、枸杞一起倒入砂锅中，加适量清水，下料酒、盐、鸡精，转小火炖半小时即可。

# 粉丝土鸡汤

材料 土鸡 600 克，粉丝 300 克，枸杞 20 克，人参片 10 克

调料 盐 3 克，料酒 15 克

做法

① 土鸡处理干净，切块；粉丝用温水泡发备用；枸杞洗净。

② 油锅烧热，放入鸡块，加盐、料酒炒至水干，加入清水、枸杞、人参片烧开。

③ 以大火炖至鸡块熟，加入粉丝烧熟，加盐调味即可。

# 海马炖土鸡

材料 土鸡 1 只，海马、枸杞各 50 克，瘦肉 100 克，火腿 100 克

调料 盐 4 克，料酒 20 克

做法

① 瘦肉、火腿、枸杞、海马分别洗净，瘦肉、火腿切小块。

② 土鸡处理干净，放入开水中余至出油，捞起控干水。

③ 往砂锅中加适量清水，把鸡和其他原材料倒入砂锅，煮开后下料酒、盐，炖半小时即可。

# 山珍煲老鸡

材料 老鸡 500 克，上海青、滑子菇、冬笋片、水发木耳、红枣、枸杞各适量

调料 盐 3 克，鲜汤适量

做法

① 上海青洗净，撕块；滑子菇洗净；水发木耳洗净切片；红枣、枸杞均洗净；鸡处理干净。

② 油烧热，加鲜汤、鸡煮开，再入上海青、滑子菇、冬笋片、木耳、红枣、枸杞同煮，调入盐，起锅装碗即可。

# 三子下水汤

**材料** 鸡内脏 1 份，覆盆子、车前子、菟丝子各 10 克

**调料** 盐 5 克，葱丝、姜丝各少许

**做法**

❶ 将鸡内脏洗净，切成片。

❷ 将所有药材放入棉布袋内，扎好，放入锅中，加适量水煮 20 分钟。

❸ 将棉布袋从锅中捞出扔弃，转中火，放入鸡内脏、姜丝、葱丝煮至熟，加盐调味即可。

# 玫瑰蒸乳鸽

**材料** 玫瑰 1 朵，乳鸽 1 只，枸杞 15 克，红枣 6 颗

**调料** 绍酒 10 克，盐、姜片各 5 克，葱段 10 克

**做法**

❶ 玫瑰撕成瓣状，用清水浸漂；枸杞洗净；红枣浸透去核；乳鸽处理干净。

❷ 将玫瑰花、枸杞、乳鸽肉、红枣、绍酒、姜片、葱段同放入蒸锅内，加适量清水，用旺火蒸 35 分钟，调入盐即可。

# 鲜人参煲乳鸽

**材料** 乳鸽 1 只，鲜人参 30 克，红枣 10 颗

**调料** 生姜 5 克，盐 3 克，味精 2 克

**做法**

❶ 乳鸽处理干净；人参洗净；红枣洗净，去核；生姜去皮，切片。

❷ 乳鸽入水中氽去血水后捞出。

❸ 将乳鸽、人参、红枣、姜片一起装入煲中，再加适量清水，以大火炖煮 35 分钟，加盐、味精调味即可。

# 茯苓煲乳鸽

**材料** 乳鸽 1 只，茯苓 30 克

**调料** 姜 10 克，葱 15 克，盐 6 克，味精 2 克，胡椒粉 3 克，料酒 15 克

**做法**

❶ 乳鸽处理干净斩成大块；茯苓洗净切片。

❷ 乳鸽入锅中烫去血水，捞出。

❸ 砂锅中注水，放入乳鸽、茯苓、姜片煮开，煲 50 分钟，调入盐、味精、胡椒粉和料酒，撒上葱段即可。

# 冬瓜薏米煲老鸭

**材料** 冬瓜 200 克，鸭 1 只，红枣、薏米各少许

**调料** 盐 3 克，胡椒粉 2 克

**做法**

① 冬瓜洗净，切块；鸭处理干净，切块；红枣、薏米泡发，洗净备用。

② 锅上火，油烧热，加水烧沸，下鸭氽烫，以滤除血水。

③ 将鸭转入砂钵内，放入红枣、薏米烧开，小火煲约 60 分钟，放入冬瓜煲熟，加盐和胡椒粉调味即可。

# 莲子煨老鸭

**材料** 老鸭 1 只，莲子 30 克，茶树菇 50 克，枸杞 5 克

**调料** 盐 3 克，味精 2 克

**做法**

① 老鸭处理干净，砍成大块；莲子泡发，去除莲心；茶树菇泡发，剪去老根；枸杞洗净。

② 将老鸭氽去血水，捞出备用。

③ 砂锅中加适量水，下入所有材料煲 45 分钟，至熟烂时加盐和味精调味即可。

# 魔芋丝炖老鸭

**材料** 老鸭肉 500 克，魔芋丝 200 克，枸杞 50 克

**调料** 姜 30 克，盐 6 克，料酒 10 克，鸡精 5 克

**做法**

① 将鸭肉、魔芋丝、枸杞分别洗净，魔芋丝浸泡。

② 鸭肉氽水，捞起控干，切块。

③ 将鸭块、魔芋丝、枸杞、姜片一起倒入砂锅中，加适量清水，大火煮开后下料酒、盐、鸡精，转小火炖半小时即可。

# 莴笋焖腊鸭

**材料** 腊鸭 350 克，莴笋 300 克

**调料** 盐 3 克，味精 2 克

**做法**

① 锅中加油烧热，下入腊鸭炒至干香后，捞出备用。

② 瓦罐中加入腊鸭、莴笋及适量清水，以大火煲开，再转小火煲至汤浓，加盐和味精调味即可。

# 鹅肉土豆汤

**材料** 鹅肉 500 克，土豆 200 克，红枣、枸杞各 50 克

**调料** 盐、胡椒粉各 5 克，味精 3 克，葱段少许

**做法**

1 鹅肉洗净，剁块状；红枣、枸杞洗净；土豆去皮，洗净切块。

2 锅中烧水，下入枸杞、红枣和鹅肉，调盐、胡椒粉、味精炖烂，下入土豆炖约 30 分钟，撒上葱段即可。

# 西红柿百合鸡蛋汤

**材料** 西红柿 50 克，鸡蛋 100 克，百合、银耳各适量

**调料** 盐 3 克

**做法**

1 西红柿洗净，切成瓣；鸡蛋打散；百合洗净；银耳泡发，撕成小片。

2 锅内注入植物油烧热，注水煮沸，放入银耳、百合煮 20 分钟，加入西红柿、鸡蛋。

3 待熟后再加入盐调味即可。

# 上海青蛋饺汤

**材料** 鸡蛋 200 克，猪肉 200 克，上海青 100 克

**调料** 盐 2 克，葱末 10 克

**做法**

1 鸡蛋打散，用油煎成蛋皮；猪肉洗净，剁成末，加入盐、葱末调成馅；上海青洗净。

2 将蛋皮和肉馅包成蛋饺；锅内注水烧沸，下蛋饺煮至快熟时放入上海青。

3 稍煮后，加盐即可。

# 黄瓜鸽蛋汤

**材料** 黄瓜 100 克，鸽蛋 6 只

**调料** 盐 1 克

**做法**

1 黄瓜去皮洗净，切块。

2 锅内注水，烧至沸时，加入黄瓜煮 5 分钟，再向锅内打入鸽蛋。

3 约煮 3 分钟，加盐煮至入味即可。

# 冬瓜蛤蜊汤

材料 冬瓜 50 克,蛤蜊 250 克

调料 盐 5 克,胡椒粉 2 克,料酒 5 克,姜 10 克,香油少许

做法

①冬瓜洗净,去皮,切块;姜洗净切片。

②蛤蜊洗净,沥干备用。

③锅内加水,将冬瓜煮至熟烂,接着放入蛤蜊、盐、胡椒粉、料酒、姜、香油,煮至蛤蜊开壳后关火即可。

# 鱼头豆腐汤

材料 大头鱼鱼头 200 克,豆腐 250 克,鲜汤适量

调料 姜片、盐、胡椒粉、味精、香油各 3 克

做法

①鱼头洗净剁块;豆腐切成块。

②锅加油烧热,下入鱼头煎黄,掺鲜汤,下姜片、盐、味精、胡椒粉、豆腐煮至入味。

③汤熬至乳白色时,起锅装碗,淋入少许香油即成。

# 金针菇鱼头汤

材料 鱼头 1 个,金针菇 150 克

调料 姜、葱、味精、盐各 5 克

做法

①鱼头处理干净,对切;金针菇洗净,切去根部。

②起油锅,入鱼头煎黄。

③另起锅下入高汤,加入鱼头、金针菇,煮至汤汁变成奶白色,加入调味料稍煮即可。

# 生鱼豆腐羹

材料 生鱼 1 条,豆腐 2 块,蛋清 1 个

调料 盐 3 克,淀粉 2 克,白糖 1 克,香菜 10 克,鸡精 2 克

做法

①生鱼处理干净,切块,入油锅中稍炸后捞出;豆腐切小方块;香菜洗净切末。

②锅中加水,放入豆腐、白糖,炖约 2 分钟后放入鱼块炖约 5 分钟,调入盐、鸡精、蛋清、淀粉搅拌均匀,撒上香菜末。

# 橘皮鱼片豆腐汤

**材料** 鲑鱼 300 克，橘皮 10 克，豆腐 50 克

**调料** 盐 5 克

**做法**

1️⃣ 橘皮刮去部分内面白瓤，洗净切成细丝。

2️⃣ 鲑鱼洗净，去皮，切片；豆腐切小块。

3️⃣ 将 1200 克清水注入锅中煮开，下豆腐、鱼片，转小火煮约 2 分钟，待鱼肉熟透，加盐调味，撒上橘皮丝即可。

# 姜丝鲜鱼汤

**材料** 鲜鱼 600 克

**调料** 盐 5 克，姜 10 克

**做法**

1️⃣ 鱼去鳞、鳃、肚肠，洗净，切成 3 段。

2️⃣ 姜洗净，切丝。

3️⃣ 锅中加水 1200 克煮沸，将鱼块、姜丝放入再煮沸，转中火煮 3 分钟，待鱼肉熟嫩，加盐调味即可。

# 莴笋鳝鱼汤

**材料** 鳝鱼 250 克，莴笋 50 克

**调料** 高汤适量，盐少许，酱油 2 克

**做法**

1️⃣ 将鳝鱼处理干净切段，氽水；莴笋去皮洗净，切块备用。

2️⃣ 净锅上火倒入高汤，调入盐、酱油，下鳝段、莴笋煲至熟即可。

# 鳝鱼苦瓜枸杞汤

**材料** 鳝鱼 300 克，苦瓜 40 克，枸杞 10 克

**调料** 高汤适量，盐少许

**做法**

1️⃣ 将鳝鱼洗净切段，氽水；苦瓜洗净，去籽切片；枸杞洗净备用。

2️⃣ 净锅上火倒入高汤，下入鳝段、苦瓜、枸杞烧开，煲至熟调入盐即可。

# 虾仁豆腐羹

材料 虾仁 400 克，豆腐 200 克，青豆、胡萝卜各 50 克

调料 盐 3 克，胡椒粉 3 克，淀粉 25 克

做法

① 虾仁洗净；豆腐浸泡，切块；胡萝卜洗净，切丁备用。

② 水烧开，将虾仁、青豆、胡萝卜丁放入稍氽后捞出。

③ 另烧开水，加入虾仁、青豆、胡萝卜丁和豆腐，加盐、胡椒粉煮 2 分钟，用水淀粉勾芡即可。

# 香菇甲鱼汤

材料 甲鱼 500 克，香菇、腊肉、豆腐皮、上海青各适量

调料 盐、鸡精、姜各适量

做法

① 甲鱼处理干净。

② 锅中注水烧开，放入甲鱼焯去血水，捞出放入瓦煲中，加入姜片，加适量清水煲开。

③ 继续煲至甲鱼熟烂，放入香菇、腊肉、豆腐皮、上海青煮熟，放入盐、鸡精调味即可。

# 白菜甲鱼汤

材料 甲鱼 500 克，白菜 20 克，枸杞、红枣各适量

调料 盐、胡椒粉、生姜、鸡精各适量

做法

① 将甲鱼处理干净，放入锅内；白菜洗净。

② 锅中再加入白菜、生姜、枸杞、红枣、水，以大火煮开。

③ 改用小火炖熟，加入盐、胡椒粉、鸡精即可食用。

# 鸡汤甲鱼

材料 甲鱼 500 克，鸡汤 300 克

调料 盐 1 克

做法

① 甲鱼处理干净，用热水氽过后，捞起备用。

② 锅内注水，煮沸后放入甲鱼焖煮至快熟时捞起，另取一锅，注入鸡汤，将甲鱼放入焖煮约 10 分钟。

③ 加盐调味，起锅装碗即可。

# 虫草红枣炖甲鱼

材料 甲鱼1只，冬虫夏草5枚，红枣10颗

调料 料酒、盐、葱、姜片、蒜瓣、鸡汤各适量

做法

① 甲鱼处理干净切块；冬虫夏草洗净；红枣泡发。

② 将块状的甲鱼放入锅内煮沸，捞出备用。

③ 甲鱼放入砂锅中，上放虫草、红枣，加料酒、盐、葱、姜、蒜、鸡汤炖2小时，拣去葱、姜即成。

# 土豆海鲜汤

材料 青口300克，土豆150克

调料 盐5克，胡椒粉2克，味精3克，鸡精3克，料酒10克，葱10克，姜5克，香油10克

做法

① 锅中加水，放入青口煮至开壳，捞出洗净泥沙。

② 土豆去皮，切丁；葱洗净切花；姜洗净切片。

③ 土豆、青口入锅煮10分钟至土豆入味，下入所有调料起锅即可。

# 芦荟蛤蜊汤

材料 蛤蜊500克，芦荟叶2片

调料 姜10克，盐适量

做法

① 蛤蜊洗净杂质，用薄盐水浸泡，待其吐尽泥沙。

② 芦荟削去边刺，将叶皮削净，只取叶肉和汁；姜洗净，切丝。

③ 锅中加水1200克煮沸后，将芦荟、蛤蜊、姜丝一起加入，煮至蛤蜊开口，加适量盐即可。

# 银芽烩蛤蜊

材料 枸杞15克，豆芽100克，蛤蜊300克，芹菜50克，红甜椒70克

调料 盐4克

做法

① 全部材料洗净，芹菜切段，红甜椒切丝。

② 将蛤蜊入开水中汆烫，去壳取肉，留汤汁备用。

③ 将枸杞放入蛤蜊汤中，煮沸后转小火，放入豆芽、芹菜、蛤蜊肉、甜椒稍煮，加盐调味即可。

　　俗话说"药补不如食补"，饮食
是健康的基础。科学搭配食材烹制美
味佳肴，可防病祛病，以食养生。